1分鐘

救命關鍵！

你一定要知道的〔居家急救手冊〕

全新增訂版

第一時間，做出即時正確的行動

子堯並不多產，但絕對是最親民的作家之一。

從前次大作《背包客醫生，旅遊保健通》中，子堯從許多小地方，提供了貼心溫暖的叮嚀，以及實用無比的資訊，讓想成為背包客的讀者，旅居異鄉，能對自身保健充滿信心，毫無後顧之憂地踏上快樂的旅程！

這次又跳出舊有的窠臼，從嶄新的平民觀點，急診室每天上演的故事，深入淺出、鉅細靡遺地將到院前救護的重要情節，娓娓道來，每個步驟，都簡單得讓非專業的人士能夠理解；看似平凡，卻寓意深遠！

我和子堯都是從事急救醫學多年的人，一直以來，都有深切的體會：

許多緊急處理的關鍵，都是在第一時間，有人做出了即時而正確的行動，能夠改變讓人遺憾的結果：可能是對傷口的細心觀察、可能是即時求救的決定、可能是一個微小卻重要的醫學知識，即使在現今的醫療環境裡，就醫如此方便，在任何人發生或大或小的意外、疾病時，都不可能隨時有訓練有素的醫護人員隨侍在側，即時處理，因為他們不在現場！

救救人，自助助人，都是極其重要的步驟，子堯用淺顯文字，耳提面命；細細品味，必可受益無窮。

我近年來有幸參與國際間專家共識，建立急救指引的工作。心中一直隱約擔心的，就是在急救黃金時間，一般人是不是真能在短時間內做出必要處斷，並能順利交給專業人員接手。

2015 年急救指引修訂，是首次增加第一反應員的專章，正就著眼於此！子堯的拋磚引玉，投石問路，其實就是成功的第一步！相信對健康醫療會有很大的迴響。

江河不棄涓流，海洋能納百川。防微杜漸，可大可久。這本書《1 分鐘救命關鍵！你一定要知道的居家急救手冊 全新增訂版》，補足了一般民眾縱使曾有聽聞，但總難諳其精髓的急救常識，讓每個人在第一個到達現場時，能夠做出不亞於專業人員的正確判斷。我由衷期待小兵立大功，子堯關懷社會的心，更能彰顯。

 副院長

前急救加護醫學會理事長、彰濱秀傳紀念醫院醫療副院長

「急救」不只是醫生的事，也是你我的事

　　每個人都曾遇過意外或疾病發生的情境，也許是發生在自己身上，也許是發生在親朋好友、或陌生人身上。

　　例如，當朋友不小心被尖銳物品割傷手指，血流如注時，我該怎麼辦？在到達醫院之前，我能做什麼或是不能做什麼？要如何止血？該沖洗嗎？如果血止住了，還需要去醫院縫合嗎？要使用抗生素嗎？要打破傷風嗎？很多人以為，這些都是醫生的事，與我何干？

　　急救的知識和技巧，其實是連續性的，也就是說，在病人到達醫院之前，病人本身或身旁的朋友，其實也可以「do something」（做一點事）來減輕傷害。你我若曾對急救的知識，有一點了解，便可在有需要時施以援手，並能夠分辨該做及不該做的事情。

　　看過一些急救團體出版的「急救書籍」，對民眾來說，都過於學術又非常嚴肅，子堯醫師寫的急救書，不但趣味十足，文字也淺顯易懂，很適合一般民眾閱讀，最可貴的是，這本書同時穿插了不少專業知識，非常值得推薦給大家。

不論是在家居、工作環境，或是在玩樂、休閒時，意外或疾病隨時都可能發生。如果我們能夠向傷病者提供即時的救助，尤其是在救援人員到達之前進行緊急處置，不單單可以幫助拯救性命，也能有效減輕傷害，甚至避免自己手足無措的遺憾。

　　在此，我誠摯的推薦這一本有趣又有料的《1分鐘救命關鍵！你一定要知道的居家急救手冊 全新增訂版》給大家，希望更多的民眾可以了解，急救的程序是到達醫院前就開始啟動，對病人才會最有利的，更希望我們的社會是個充滿愛心、守望相助的社會。

張志華 主任

前醫勞盟理事長、新光醫院急診科主任

一本家中必備的救命書籍

當了十幾年的內科醫師，看過很多醫學書籍，也在個人部落格：「韋伯醫師 · 健康世界」上寫過不少衛教文章，很深刻的體會要把艱澀的醫學知識用易懂的文句表達出來，是件非常不容易的事，子堯這本書做到了這不可能的任務。

這本書的內容包含了居家生活的常見疾病，用說故事的方式敘述在醫院遇到的各種病患，令人有身歷其境的感受，在故事中帶出疾病的治療方式，也帶出病患本身需要注意的重點。

和多數通俗醫學書籍不同的是，子堯藉由一個個生動的故事，讓人不由自主的追看究竟會出現什麼樣的結局，感覺就像是有科普色彩的小說，饒富趣味、引人入勝。

子堯以寫家書的態度，對女兒說話的深情，完成了這本書，或許是這樣的出發點，才能產生既專業又易懂的文章吧。不同年齡層的朋友，一定都能從中得到樂趣，而在樂趣中得到必備的救命知識。

在這知識爆炸的時代，大家都能輕易的找到各種醫學知識，因為專業程度的不同，立場各異，雖然俯拾皆是，但卻無從判斷這些知識是否可靠。子堯的這本新書，根據在醫院和急診室的多年經驗、專業的背景，用易讀的文字搭配精彩的圖片，提供了可靠，而且一定要知道的醫學常識，是非常值得保存的一本保健工具書。

想想以下幾個重要問題，測試一下自己的健康常識：

· 旁人吃東西被異物嗆到呼吸道且呼吸困難時，要怎麼辦？

· 旁人突然倒下時，要怎麼辦？

· 為什麼解黑便就是腸胃道出血的徵兆？

· 什麼樣的頭痛會造成生命危險？

· 什麼樣的肚子痛可能需要開刀？

· 被貓狗咬傷，就醫處理的目的是什麼？

· 燙傷要如何做好沖、脫、泡、蓋、送？

· 甲溝炎（俗稱嵌甲、凹甲、凍甲）病患要如何剪指甲才能避免復發？

如果您對這些問題都很模糊，相信這本有趣的書將會帶給你很大的幫助。

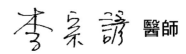

李宗諺 醫師

知名專業網站韋伯世界站長

專為台灣人量身打造的急救保健書

筆者本身是一位充滿經驗的急診醫師，本書以一個醫生爸爸對女兒講述的口吻，對照連小朋友都能理解的圖說，來解釋居家相關會遇到的急症。

急診醫護的人力荒，常常讓急診室人滿為患，許多情況到底需不需要到急診室，到急診室可以得到什麼樣的幫助，本書以最淺白易懂的口吻，專業的經驗講述，把每一個病症設計成一個小故事，把一個個無聊艱深到讓人打瞌睡的疾病，變成實際上可能面臨的情況。

坊間都有美、日翻譯的居家急救保健書，但同樣的情況與條件往往與台灣地區的醫療條件不一而足，這是第一本針對台灣地區民眾常見的急症，並且做深入淺出的描寫，讓讀者輕鬆的閱讀每一個小故事。

淺白易懂的救命關鍵

每個小故事主角切身的處境就像自己的親戚朋友一樣，對於醫療同樣一知半解，本書跳開了學理上的框架，用故事的形式，以小朋友都可以理解的口吻，將病症分門別類，提供您居家遇到急症時的第一手處理要點。為了達成「連小朋友都可以理解的目標」，本書用到大量的圖解與圖片，並配合快查的系統性頁碼，讓您遇到緊急狀況時不必慌！

如果你在書架上拿起了這本書，而且又有幸繼續看下去，你對於自己與別人的健康，一定有著比常人更深一層的在乎。對！！你就是我們一直在找的人！

在筆者下定決心當一個急診室的醫師時，我考慮到的就是急診醫師會比一

般民眾、或是絕大多數專精在某一科的醫生，對所有重要急症有初步快速處理的能力。

這本書的緣起，就是希望你多了一個專業的朋友，可以在關鍵的時候，幫助周遭的朋友和家人。

忙碌的急診醫師給人的刻版印象？

記得有個銀行廣告（Australia and New Zealand Bank），就是來自有袋鼠的那個國家。畫面一開始是個帥到不行的成熟男子，充滿自信的站在街道上。他若有似無的眼神瞄向你這邊，心領神會的微笑。「我知道你在想什麼。」男子的臉上掛著看透你的微笑。

「我在想什麼？」望著電視畫面的每個人都怔了一下，阿我自己在想什麼？我怎麼都不知道？「跟銀行有關……。」男子開始導入正題。

這個廣告，雖然跟這本書完全不相關，卻是我開始動手寫這本書的初衷，「跟急診有關……。」讓我借用你的想像力，我們把這個畫面改一下。為了維持美觀和賞心悅目，我們一樣借用一下這個帥氣的男子。

「我知道你在想什麼……，」男子讓人心醉的向你笑一笑，
「關於急診醫師……。」
「粗魯、不溫柔而且粗魯。」（第二個粗魯是加強語氣）
「很兇，話總是說得很快，根本沒聽懂在講什麼。」
「要不要急救？要不要插管？」

總是在裝忙、不見人影、行色匆匆，好像跟你多講幾句病情就會死掉的樣子，臉很臭（長期日夜顛倒）。

「沒錯，我真的知道你在想什麼。」我也笑了。

「因為我就是急診醫師……。」

「你期望的醫生，能夠多跟你互動……。」

「在這個快速的世界裡，你希望病情解釋能夠……簡單而容易理解。」

「一切都能在彈指之間就讓人了解……。」

「Bingo！！」我是真的很希望像那個金髮帥氣的男子，這樣對你說。

崩壞中的急重症醫療體系

身為急診醫師，我明白同業的苦處，全台灣各大醫院需要 2,000 名急診醫師，實際在線上的只有 800 名，卻要一肩扛起全部來診的病患業務量，不只要更加仔細小心的避免疏忽，還要應付繁雜的評鑑、教學、寫學術論文，還要小心等待過久的病人或家屬，在雜亂的環境中按捺不住不滿，下一秒爆發在你身上。

但別覺得訝異，相信所有的急診醫師，也希望可以多跟你微笑，多給每個病人一點時間和互動，他們不是手上同時有多線的病人正在處理，又是隨時準備好急救門口救護車送進來的重症患者，他們都渴望像金髮帥氣的那個男子一樣，對您微笑，告訴您我們知道您在想什麼（而不是露出晚娘臉、爆肝貌）。

專業術語聽不懂？

醫學向來是嚴肅的，對一般人來說好像有高牆區隔、又十分艱澀難懂的，而且充滿各種英文、拉丁文和專有名詞。這是一本談各種疾病急症的醫學保健書，卻把「寫大家看得懂」、「能夠有趣」當成最重要的原則，就算跳過最根本的專有名詞，動搖醫學的「國本」也在所不惜！

寫給拼命的台灣郎

台灣人很勤奮、很忙碌、同時也很茫然，為了愛拼才會贏，我們甚至很少關心自己的身體，更別說知道危急的狀況可以怎麼處理了。如果發生危急的情況，譬如說昏迷、吐血、高燒，每個人用屁股想就知道要送醫，而且要快，要打 119，這些都不需要特別撰書來教大家。

本書主要是針對「**立即可行的處置**」或是「**特別要注意的地方**」（對或是不對的、常犯錯的），「**在 119 到達前**」能夠進行的處理、自救方式的說明，或是「**到醫院要特別跟醫生說的事**」。

另一個目的，是代替包括我自己、還有我的同業，重申不得已的忙碌，來不及開口對您說的仔細叮嚀，並同時給你一個擁抱。

謹以這本書，獻給所有關心自己和別人健康的朋友。

註：書中的內容，除了筆者本身在急診室的經驗之外，以急診醫學的教科書：《Titinalli》、《Rosen》、《The Minor Emergency》和依據實證醫學《Up to Date》的內容為參考，以白話文寫成。

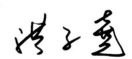

- 在急診室工作十餘年，現任台北市立聯合醫院（中興醫院）急診科主任，有高級心臟救命術和高級兒童救命術指導醫師資格。
- 個人部落格：www.wretch.cc/blog/bryanwings。
- 在 facebook 上的粉絲團為「刀人」www.facebook.com/knifewriter。

目錄 CONTENTS

推薦序 1 第一時間，做出即時正確的行動　王宗倫 副院長　　　2

推薦序 2 「急救」不只是醫生的事，也是你我的事　張志華 醫師　　4

推薦序 3 一本家中必備的救命書籍　李宗諺 醫師　　　　　　　6

作者序　專為台灣人量身打造的急救保健書　洪子堯 醫師　　　8

Part 1　急救基本功

01 哈姆立克法　　　　　　　　　　　　　　　　　16

02 心肺復甦 CPR　　　　　　　　　　　　　　　　25

03 溺水的急救　　　　　　　　　　　　　　　　　48

Part 2　傷口的急救

04 切割傷的處理　　　　　　　　　　　　　　　　56

05 為什麼受傷要打破傷風？　　　　　　　　　　　67

06 傷口的照顧心法　　　　　　　　　　　　　　　73

07 蜂窩性組織炎　　　　　　　　　　　　　　　　82

08 撞傷、挫傷　　　　　　　　　　　　　　　　　89

09 燙傷　　　　　　　　　　　　　　　　　　　　98

10 動物咬傷　　　　　　　　　　　　　　　　　109

Part 3　居家疾病大補丸

11 感冒　　　　　　　　　　　　　　　　　　　120

12 武漢肺炎　　　　　　　　　　　　　　　　　133

13 頭痛　　　　　　　　　　　　　　　　　　　139

14 頭暈　　　　　　　　　　　　　　　　　　　147

15 腦中風　　　　　　　　　　　　　　　　　　153

16 過敏　　　　　　　　　　　　　　　160

17 過度換氣症　　　　　　　　　　　166

18 癲癇　　　　　　　　　　　　　　172

19 低血糖的急救　　　　　　　　　　180

20 血壓高　　　　　　　　　　　　　189

Part 4　降體溫大作戰

21 小孩發燒　　　　　　　　　　　　196

22 中暑　　　　　　　　　　　　　　208

Part 5　跟心臟相關的急症

23 胸痛　　　　　　　　　　　　　　218

24 心悸　　　　　　　　　　　　　　226

Part 6　跟肚子相關的急症

25 吐深咖啡色液與解黑便　　　　　　232

26 肚子痛怎麼辦？　　　　　　　　　243

27 腸胃炎　　　　　　　　　　　　　254

Part 7　跟尿尿相關的急症

28 尿路結石　　　　　　　　　　　　264

29 尿道炎／膀胱炎　　　　　　　　　272

居家急救速查表　　　　　　　　　　278

聲　明

　　本書的適用對象，是心智成熟、善於表達的成人急症。

　　本書避開了晦澀難懂的醫學專有名詞，將一些在急診室裡比較常見的疾病做深入淺出的介紹，對象是能夠充分注意自己身體症狀，理解邏輯思考的成年人。

　　兒童或是無法注意、充分表達自身症狀的老年人，並不是本書適用的對象。

　　小朋友對於自身的症狀認知有限，因為字彙與理解的限制，也常不能精確的表達自己的不適，需要專業的小兒科醫師診治；至於老人家，因為慢性疾病多，疾病的表現也往往不會顯現典型的疾病特徵，同樣需要專精的醫師診治，以免延誤病情。

　　本書為醫學常識的介紹，最主要的目的是增加大家對於急症醫學的正確認識，**不能取代醫師的看診與評估**，如果有疑問，因為每個人的狀況不同，過去的疾病史也不同，需要請教長期為您看診，或對您本身狀況較為了解的醫師，較為妥當。

　　為了避開太過血腥的照片，以免讀者在吃飯時間也想翻開本書，本書部分的圖示以淺顯易懂的插畫代替，閱讀圖示時最好配合內文，以免產生誤解。

　　如果急症發生過於倉促，可以使用書末的速查表來查找處理的重點流程，如果還有疑問，不應該耽誤撥打 119 求救的時間。

PART 1
急救基本功

▶ 01　哈姆立克法　　　　　　　16

▶ 02　心肺復甦 CPR　　　　　　25

▶ 03　溺水的急救　　　　　　　48

哈姆立克法

親愛的小紅帽，老爸剛開始在醫院裡擔任主治醫師的時候，醫院的附近有家牛排館，聽說牛排大塊又美味，排隊的人總是絡繹不絕。不過爸爸第一次知道這家牛排館，卻是因為他們打電話叫 119，在一個假日的晚餐時間送來一個病人。

來到醫院時，這個 50 歲的先生，已經沒有了呼吸，整張臉都脹成豬肝色。爸爸在插管的時候，在他的喉嚨裡夾出一大塊帶油花的牛肉，非常要命。好在牛排館很近，送到醫院的時間很短，經過插管和 CPR 急救，病人恢復了心跳。

在病人要推往加護病房前，病人的太太一把鼻涕一把眼淚的告訴我，今天是先生的生日，一家人開開心心的在牛排館慶生，還幫先生點了他最愛的肋眼牛排！

「天啊……」我嘆氣。

「差一點變忌日……。」太太真是心直口快，繼續說著。

想到躺在病床上的先生，幾分鐘前是那麼開心的吃著牛排，現在卻不醒人事的插著呼吸管，準備推到加護病房，老爸不禁想，如果當時餐廳裡，有個會哈姆立克法的人，或許故事會很不一樣。

　　如果場景回推到幾分鐘前，壽星先生受到家人的祝福，一邊開懷大笑，一邊心滿意足的吃起那塊帶油花的肉。「咳──咳。」沒錯，誰嗆到都會這麼反應，先生先是大咳，想把卡在喉頭的牛肉咳出來。但是偏偏這塊帶油花的牛肉不只大塊，還很嫩 Q，費了很大的勁兒，就算整個人站起來咳，還是咳不出來。

情況 1

　　在先生**意識清楚，還可以大咳、呼吸或發出些微聲音**的時候，**不慌張！溫柔的拍背，鼓勵他用力咳出來！**

情況 2

　　當牛肉完全卡死在喉嚨，因為空氣完全無法流動，先生就沒辦法呼吸或是咳嗽，他的臉也會脹成豬肝色。這時雖然無法呼吸，卻還憋著一口氣。如果太太學過哈姆立克法，當先生**意識清楚，卻無法咳嗽或呼吸時，就能即時搶救！**

異物阻塞的手勢

被異物卡住的人，總是會做起掐脖子的手勢！因為東西卡在喉嚨裡，你甚至可以在他每次費力呼吸的時候，聽到像是口哨一樣一來一往的喘鳴聲。

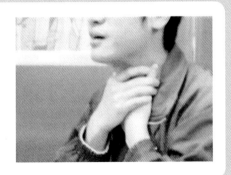

HOW TO DO

如果意識清楚，卻無法咳嗽或呼吸時，立即進行哈姆立克法

🧰 成人哈姆立克法

1 站在患者的背後，伸出一隻腳頂住他的屁股，避免他倒下撞傷。

2 然後雙手環抱住患者的肚子，摸到肚臍，然後一手握拳，另一隻手扶著成拳的那手，抵在他肚臍上緣的地方，往內往上快速、用力地擠壓 5 次。

! 自己如何哈姆立克法？

如果自己學過哈姆立克法，就可以找個適當高度的椅子，把肚臍上緣抵在椅背突起的邊柱上，扶著椅子用身體的重量瞬間用力往下壓，一樣可以把喉嚨的異物推出來。

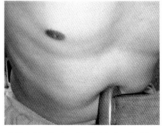

利用椅背突出的地方自救

18

你可以想像在胃的位置上有個裝著救命空氣的袋子，用力而快速的擠壓可以擠出袋子裡的空氣，把卡在喉嚨的異物推出來。所以要往內往上，突然快速的用力擠 5 次，這個噴射出來的氣流，才有力量。

如果患者意識還清醒，可以重覆這個動作，直到他可以成功的自行咳嗽。如果不幸昏倒，這時就要轉變成以下的「心肺復甦 CPR」！

如果意識昏迷，立刻打 119，開始心肺復甦 CPR

即便先生的這口氣夠長，大概也長不過幾分鐘，幾分鐘的時間內，被異物阻塞的人就會失去意識，倒了下去。學過哈姆立克法的太太，會知道不能呼吸的病人在幾分鐘內將昏迷，所以已經用弓箭步抵住先生，小心的讓先生躺下，指揮圍觀的客人或服務生去打 119，並且立刻開始 CPR！

這時你可能會問爸爸了，會不會病人還有心跳？不是沒有心跳才要做 CPR 嗎？這時做 CPR 的好處，是透過壓胸時把肺裡的空氣擠壓出來，幫忙推開異物，你可以一邊 CPR，一邊觀察先生的反應。

如果在幾次的 CPR 後，先生開始呻吟，可以自行呼吸，就代表你腰馬合一的 CPR 就是一夠勁！已經沖開了要命的異物。如果可以看到異物，就能試著把異物抓出來；如果沒看到異物，不要盲目的亂挖，反而可能又把異物往喉嚨裡推。

如果先生的呼吸平穩，但是還沒有恢復意識，可以把他擺成復甦姿勢（請參考 P25「心肺復甦 CPR」），等待救護員到來。如果 CPR 後沒有起色，心跳在幾分鐘的時間裡也會逐漸停止，當然要繼續 CPR 下去，配合在 P47「CPR」章節中教的 30：2（壓胸 30 下，壓額抬下巴吹氣 2 下，每次吹氣都要吹到 1 秒鐘），堅持到有人可以換手、或是 119 的救護員來到為止。

復甦姿勢

➕ 孕婦哈姆立克法

　　孕婦的哈姆立克流程大致一樣，不過如果孕婦肚子已有明顯的隆起（通常是懷孕 3 個月以後），胎兒的大小就會超過肚臍，此時就不適合在肚臍上緣施力，怕會壓扁小 baby，所以位置要更往上，在可以摸到胸口硬硬的骨頭下方，心窩（凹下去）的位置，就是擠壓的位置。如同前面提到的方法，一樣一手握拳，一手扶抱，往內往上快速用力地擠 5 下。

孕婦站立時

1 在她身後一手成拳，一手扶抱　　**2** 擠壓的位置在心窩凹陷處

孕婦平躺時

如果孕婦呼吸不了，失去意識，開始 CPR 時要拿東西墊高她的右背（請參考 P36「孕婦 CPR 詳細作法」）。

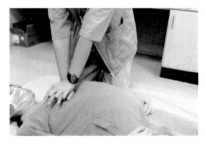

孕婦平躺著哈姆立克，在胸口下段骨頭處擠壓5下

❗ 胖子怎麼哈姆立克法？

　　胖子的定義是肚子有大大的一團鮪魚肚，如果肚臍上不容易著力，可以比照孕婦，在心窩的地方用力擠壓。

🧰 嬰幼兒哈姆立克法

小朋友在兩歲以前，常透過很特別的方式來認識這個世界的美妙，看到什麼抓什麼，抓完以後都往嘴裡塞！這幾乎是所有為人父母的夢魘，誰知道淅瀝呼嚕吃了什麼進去，就算緊迫盯人，還是難免棋差一著，想到就讓老爸頭皮發麻。電視上小 baby 溢奶或趴睡猝死的新聞更是時有所聞，所以嬰幼兒的哈姆立克，應該是除了餵奶、換尿片以外，所有初為人父母必備的技能之一。

➕ 大於 1 歲的小孩

大於 1 歲的小孩，跟成人一樣，都是在肚臍上緣的地方，快速的往內往上，快速擠壓 5 次。

➕ 小於 1 歲的嬰兒

小於 1 歲的嬰兒，位置特別重要！因為這時候 baby 很小一隻，肝臟在肚子裡佔據了很大的位置，若是貿然用跟成人一樣的哈姆立克法，很容易壓破嬌嫩的肝，為了不讓小寶貝的人生變黑白的，我們要避開這個位置，先「背擊」5 次，然後「壓胸」5 次！（不壓肚子！）〔請見 P22「嬰兒哈姆立克詳細作法」〕。

嬰幼兒哈姆立克詳細作法

先打 119 求救！！在施行寶寶版的哈姆立克前，要先注意寶寶的安全，避免在擺位的時候摔到寶貝！

➕ 背擊 5 下

1 如果爸媽是右撇子，baby 仰躺在爸媽前方右手邊的平面上，先用左手的虎口扣住 baby 臉頰兩邊突出的顴骨，接著用左手臂壓上 baby 的胸口和肚子，護住 baby 的上面；右手鏟起 baby 的背部往後腦勺伸，護住 baby 的背後，同時用兩手臂夾住 baby，小心的把 baby 以 180 度逆時針翻轉成俯趴在左手臂上，用左手臂支撐 baby 的重量。

（進行時**盡可能放低**，讓 baby 的位置貼近柔軟的平面，以免在太高的地方失手摔著了 baby。）

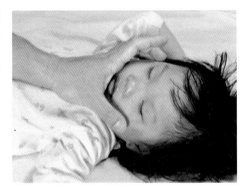

2 baby 俯趴在左手臂上，讓 baby 的雙腳分開，跨在左手臂的兩邊。

3 看準 baby 背上的中心位置（可以稍微在 baby 的背上劃出四個均等的象限，找到中心點），這就是拍擊的位置。

4 讓 baby 頭下腳上，傾斜 15 度左右，方便異物落下。

5 同時用右掌根的部位，離開一個手臂的距離，快速、稍微用力的來回連擊 5 下。

壓胸 5 下

1 翻轉 baby：用右手掌包住 baby 的後腦勺，右手接下來要變成承載 baby 重心的手臂，所以右手臂要緊貼在 baby 的背脊上，然後用雙臂夾住 baby，小心的 180 度順時針翻轉回來。

2 baby 仰躺在右手臂上，讓 baby 的雙腳分開，跨在右手臂的兩邊。

3 看準兩邊乳頭連線的中心，用左手的食指和中指併攏，快速的連續按壓 5 下。

▼

★重覆背擊 5 下→壓胸 5 下，直到 baby 開始哭鬧或咳嗽為止。（恭喜你，你成功了！）

▼

★如果 baby 失去反應，不再扭動身體，持續用併攏的食指和中指快速按壓乳頭連線的中心點，進行嬰兒的 CPR（請參考 P39 嬰幼兒 CPR 詳細作法）！

　5 歲以下的嬰幼兒，異物阻塞是威脅生命的最大殺手，所以一定要熟悉嬰幼兒的哈姆立克和 CPR，以備不時之需！

哈姆立克法處理要點

異物阻塞後，如果説不出話來會用雙手作勢掐脖子，一直指喉嚨來表示。

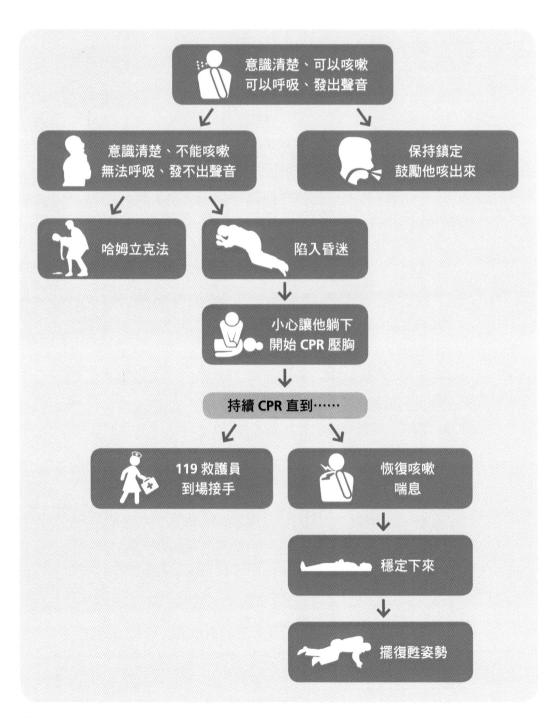

意識清楚、可以咳嗽
可以呼吸、發出聲音

意識清楚、不能咳嗽
無法呼吸、發不出聲音

保持鎮定
鼓勵他咳出來

哈姆立克法

陷入昏迷

小心讓他躺下
開始 CPR 壓胸

持續 CPR 直到……

119 救護員
到場接手

恢復咳嗽
喘息

穩定下來

擺復甦姿勢

心肺復甦 CPR

親愛的小紅帽,那天你問爸爸,電視上一則「十歲女童,聽從 119 救護員的線上指示,用 CPR 救媽媽」的新聞,讓情感豐富的爸爸感觸良多。

你問:「爸爸是急診醫生,是不是每天在醫院都在幫病人 CPR?」然後一副有為者亦若是的樣子說:「以後我也要學 CPR 救人。」

親愛的寶貝,其實急救的技術(心肺復甦術)歷經了 50 年以上的經驗累積,以美國心臟科學會為準則,每年根據不停更新的國際研究為基礎,提出世界通用的準則。目的很單純,就是讓 CPR 的流程更簡單、更有效,讓更多人學會CPR!

♥ CPR 施救的黃金時間 6 分鐘

當心跳停止,身體的血流停止流動,**有 6 分鐘的黃金時間**,進行關鍵的心肺復甦術,把瀕死的人救回來。這個被你施行 CPR 的對象,可能是素昧平生的路人,也可能是對你至關重要的家人或朋友。

執行 CPR 的目的,就是在心跳停止時維持全身的血流循環,保存身體重要器官的功能,像是**延續生命的一座橋**一樣,如果這段期間有 119 的救護員到場,或是即時送往醫院,就能夠有效增加他們從鬼門關前走回來的機會。

❤️ CPR 要立刻做！越早做越好！

根據美國的研究，路人或是親人在送到醫院前，約有 ⅓ ～ ¼ 的人有接受過 CPR。

台灣地區除了大都市以外，還有許多醫療相對缺乏，無法在 6 分鐘之內就被送往醫院急救的地區。實際上，除非幸運地在熙來攘往的鬧區即時被發現，或是剛好被家人朋友目擊，要能夠在 6 分鐘之內就有專業的 119 救護員，或是醫生、護士可以 CPR 急救的機會，**幾乎是不可能的事**。

所以為什麼要學 CPR，因為你的家人、親人、朋友，都有可能因為你具備 CPR 的技能受惠，就像這個新聞上的 10 歲女童一樣，成為守護媽媽的天使。

CPR 最重要的就是立刻要做！越早做越好！依照爸爸在急診室的經驗，台灣送到醫院前，曾接受路人或是家人 CPR 的病患，屈指可數，遠遠低於國外 ⅓ 的比率。或許是學習 CPR 的民眾很少，也或者在緊要關頭，學過 CPR 的民眾因為懼怕，而放棄對親人施救的機會。

❤️ 在對不認識的人急救前的兩個疑問

➕ 急救會不會傳染疾病？

第一個問題是**口對口急救會不會傳染疾病？**

雖然發生的機會微乎其微，唾液或呼吸道是**可能傳染某些疾病的**。依據新版的 CPR 流程，如果對於口對口人工呼吸有疑慮，不願意施

行的話，就**只要進行壓胸的部分**，所以不會有體液接觸或是傳染疾病的機會。

在心跳停止時，肺部裡其實還有足夠的空氣可以使用，這時最重要的是要有流動的血流，把肺部殘存

的空氣帶到身體的其他器官去，所以開始的幾分鐘內，**最重要的是 CPR 的壓胸！**透過一次又一次的壓胸與放開，暫時取代心臟幫浦的功能，建立流動的血液循環！

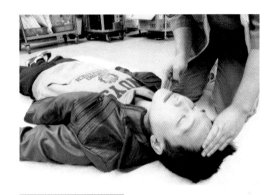

口對口人工呼吸

救人會不會有法律的問題？

為了讓路見不平的熱血人士願意放手救人，救得沒有後顧之憂，行政院通過緊急醫療救護法的增修條文草案，明令醫療救護人員以外的一般民眾，緊急急救以及使用急救設備（如傻瓜電擊器），**是可以受到法律保障免責的！**

這是源自聖經的故事，以法令保護這些熱血的、願意付出去救助別人的善意第三者，名為「好撒馬利亞人法」（GoodSamaritanLaw）〔註〕。

註
好撒馬利亞人法
聖經中記載，有人問耶穌說：「誰是我的好鄰居呢？」
耶穌回答：「如果一個人受了重傷，倒在路邊，這時有位祭司（有權位的知識份子）走了過去，看見他卻沒有停下腳步；接著有個利未人（被認為是虔誠的教徒）也走了過去，看了那人卻仍舊從旁走開；最後，一個撒馬利亞人（被認為是汙穢不潔的人）走了過來，看見他就幫他擦藥包紮，又用自己的牲口送他到旅店去休養，並且替他付了房錢。」
耶穌問：「這三個人裡，哪個是你的好鄰居呢？」

💜 學習 CPR 的課程

　　為了推廣全民 CPR，許多的醫院和衛生單位都有教 CPR 的課程，這類課程大多是免費的，可以透過網路或是衛生單位諮詢哪裡有相關的課程。只要在網路上打「CPR」或是「心肺復甦術」查詢，就可以找到很多實作的影片和教學參考，但要注意是否為「新版」的 CPR，影片或教學的提供者是否來自專業人士。

　　經過多年的推廣和施行，CPR 的觀念和流程已經化繁為簡，如同文章開頭的新聞一樣，甚至透過線上的指導，就可以施行。能夠上過完整的 CPR 課程，又有實作的經驗加持，當然是 CPR 學習的最佳方式！

台灣急救教育推廣與諮詢中心

地址：台北市中山區大直街 67 巷 39 號 1 樓
網站／登錄電話：（02）25332925
課程／報名電話：（02）25330250
時間：9:00 ～ 12:30 、13:30 ～ 17:00（中午休息 1 小時）
網址：http://www.cpr.org.tw/Default/Default.aspx

💜 CPR 流程圖解

　　依據 2010 新版的急救方法，急救的口訣簡化成三個字——「**叫、叫、壓**」。

　　當你看到一個人在眼前倒下，或是一個人躺在路邊，看起來不太對勁，「他還有氣嗎？」，當你腎上腺素大量分泌的時候，這個口訣就像隻叫叫不停的鴨子，在你腦海裡機警的大叫！

下面的急救內容是針對未經 CPR 訓練、非專業人員的簡化通則。

HOW TO DO

「叫」→「叫」→「壓」

叫 第一個叫，是確定倒下的人失去反應、沒有意識。

立刻跪在他（她）的身邊，**用力用手拍打他（她）的雙肩**，努力的搖動他（她），然後充滿 power 的叫他：「先生（小姐），你怎麼了嗎？」這時候如果他悠悠醒了過來，表明自己沒事，那麼他就沒有失去反應、喪失意識。但若他**叫不醒**，那麼他（她）就是你一直在等待的人，你就是那個有機會幫助他（她）改變一生的人！

叫 如果命中註定的時間來了，你要做一件非常關鍵的事，就是進行第二個「叫」。

這個「叫」就是叫住另一個經過現場的人，請他幫忙！幫你去打電話，**打 119**！

將雙手放在他（她）的胸口乳頭連線中央的位置，開·始·C·P·R！（如果找不到人幫你求救，先打 119 再 CPR。）

Step1

壓的位置在乳頭連線中央

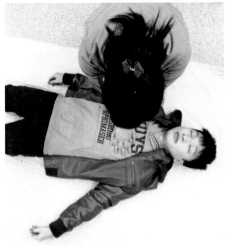

Step2

掌心放在乳頭連線中央

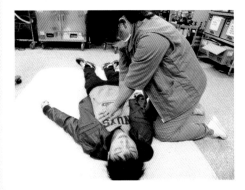

Step3

雙手打直，雙掌交錯

　　CPR 有多簡單？只要想像在胸口你按壓的位置上，有個手動運轉的馬達，壓下去就把血打到全身，放開血流就會回到馬達裡，所以重覆「壓→放→壓→放」兩個動作，然後心無旁鶩持續的做，**不要輕易被打斷，越快越好！**

　　「壓」與「放」的時間要**維持等比例**，所以成熟的 CPR 施救者會大聲的喊出來「壓」、「放」、「壓」、「放」……，因為從按壓到救護人員到場，至少需要幾分鐘的時間，就像我們跑步配速一樣，透過這個方法可以有節奏的按壓，避免 CPR 越做越喘。

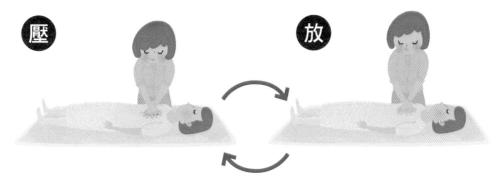

手臂打直，壓超過5公分深，用力壓，快快壓；「放」時完全放鬆不出力，維持手臂打直，手掌掌面不離開胸口，準備下次「壓」。

💓 CPR 做到什麼時候？

　　直到**有人接手**，可能是更有經驗的人，或是 **119 的救護員到場**，或是被救者甦醒為止。

💓 施行 CPR 的時機？

❶ 被施救者**沒反應、失去意識**。

❷ 拍打雙肩、用力搖動沒有反應。

成人 CPR 詳細作法

1 雙膝打開，與肩同寬，固定自己的身體，跪在倒下者身旁，在他的肩膀到腰部之間。

2 **用力**拍打、搖動倒下者肩膀，並且**大聲**呼叫：「先生（小姐）你怎麼了！先生（小姐）你怎麼了！」

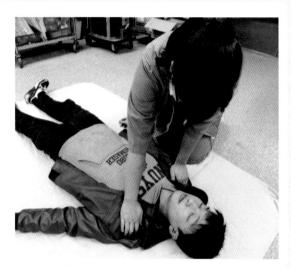

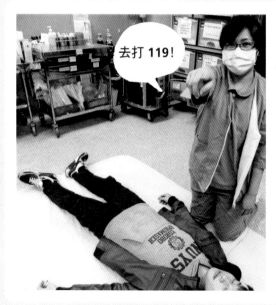

去打 119！

3 步驟 2 沒反應的話，**請一位現場的人，打 119**。記得！你的語氣要堅定清楚：「先生！，幫我打 119 ！」「對！就是你，我們可以救他，幫我打 119 ！」（不要讓他有舉棋不定的機會。）

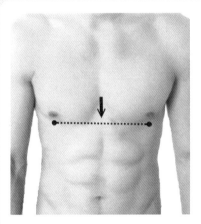

4 確定對方明瞭你的呼救去打 119 後，一直跪在倒下者身旁的你，深吸口氣，穩住情緒，手肘打直，手掌交錯，直接把掌心放在倒下者**乳頭連線中間點的位置**。（透視到皮膚底下，這裡有個讓血液流動的幫浦，現在這個幫浦停掉了，要由你來啟動它！）

5 按壓、放開，兩個動作的時間要一樣久，都是 1：1。對學過 CPR，但是不願意做口對口人工呼吸的人，是數一上、二上、三上……一直到二位數的十一、十二、十三、十四……一百；然後再重覆回一上、二上、三上……。

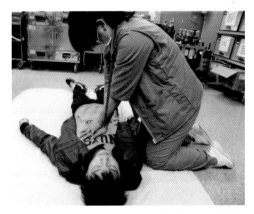

手肘打直不彎曲

當已經**數完兩個「一百」**或是**「兩分鐘」**時，如果有人在旁邊可以幫忙 CPR，就清楚堅定的表示「我要換手」，請另一個人與你交替延續下去。

CPR 的壓放時間比要 1：1，**不要只壓不放**，這樣心臟才有足夠的時間可以把血液收回，讓下次打出去的血量充足，不會打出「空包彈」，所以在進行 CPR 的時候，每次的「壓」跟「放」都要大聲的喊出**兩個音節**，因為**第一個音節就是「壓」**，**第二個音節就是「放」**，因此可以維持 1：1 充滿感情與節奏的急救。

嘴巴喊	動作
「一」－「上」	「壓」－「放」
「二」－「上」	「壓」－「放」
「三」－「上」	「壓」－「放」
「十」－「一」	「壓」－「放」
「十」－「二」	「壓」－「放」
「十」－「三」	「壓」－「放」
「二」－「九」	「壓」－「放」
「三」－「十」	「壓」－「放」

　　形式就是維持反覆的壓跟放，然後以嘴巴大聲的讀數，確認是否進行了兩分鐘，或是已經壓完超過 200 下了。一個好的 CPR，一定包含兩件事，就是「用力壓」、「快快壓」。

　　「用力壓」：用力壓，就代表你壓的每一次深度要夠，能夠模仿心臟壓出強大的血流，所以通常要壓到至少 5 公分，或是至少 ⅓ 的胸腔厚度，整個 CPR 的過程都要維持一致夠深的深度。

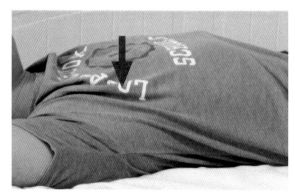

按壓深度要超過⅓身體深

「**快快壓**」：快快壓的精確定義是 **100 ～ 120 下 / 分鐘**，平均下來每秒鐘都要壓到接近兩下；為了達到穩定的速度，你可以聰明的用手機下載節拍器的 app，並且調整速度 100 ～ 120 下 / 分鐘（如 105 下 / 分鐘，或是 120 下 / 分鐘）。

或者是唱一首 BeeGees 當年紅極一時的《Stayingalive》（應用在急救的場合就是：活下去吧！）沒聽過？那就用一首張惠妹的輕快的節奏《Bad Boy》，剛好符合超過 100 下 / 分鐘的要求，並且白天聽、晚上聽，讓 CPR 的速度感深植在腦海裡，威力自然不同凡響！

上面這兩者，是 CPR 的基礎，要能夠將 CPR 的流程進行完美，需要反覆的練習，除了腦海裡知道外，更重要的是身體習慣的反射，所以需要經常的練習，或是 CPR 教師的專業指導。

壓胸的注意事項：**雙手緊緊互扣、兩掌根互疊、手肘打直**、掌心貼在被救者胸口，不可搖擺、彈跳，每次按壓的深度和速度都要**穩定、**除非換手**不要中斷**（換手中斷要盡量小於 10 秒，因為你每壓一下心臟才會跳一下，不能沒有你！）。

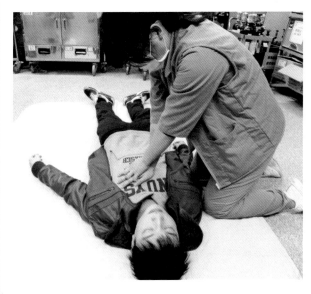

CPR時不論壓與放，掌心都要緊貼胸口，避免掌面在胸口前彈跳

孕婦 CPR 詳細作法

　　孕婦的 CPR 流程跟一般人沒有不同，一樣是「叫、叫、壓」，但是有**個非常關鍵的差別**！不管你是男生、女生，首先我們先假想自己的肚子裡有個小生命，一天一天的在肚皮底下長大，直到我們站著的時候看不到腳趾頭，蹲下來的時候只能下腰……。

　　簡單來説，這時候最重要的改變，就是孕婦肚皮底下有子宮加上 baby 的重量。

　　當我們進行 CPR 時，一定會讓失去意識的被救者躺在地上。如果這時對象是個**超過 20 週**的孕婦，**子宮和 baby 的重量**就會沉沉的往下壓，壓住在肚子裡右邊的大血管。這條潛藏在孕婦媽咪肚子右邊的大管子，每次心跳一下，就會回收下半身的血流到心臟裡，準備下一次的心跳。

　　當心臟的血流在 CPR 時被擠出來，平躺的孕婦媽咪，會因為這條大血管被樓上子宮壓得扁扁的，所以**循環在全身的血量就會越來越少**！讓心臟打出空包彈！根據研究，身體裡的血流量可以因此降低 ⅓ 到一半，所以 CPR 的效果肯定不佳！

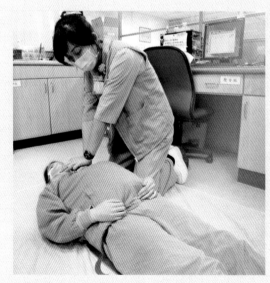

超過20週的孕婦平躺，CPR會壓迫大血管

➕ 如果有兩個人急救，該怎麼 CPR ？

　　維持平躺的 CPR，因為最容易施力！在進行 CPR 時，另一個人盡可能**將肚子往左邊推**移，以把右邊的肚子**推到中線**為目標，在換手時，停止 CPR 的那個人就接手推移子宮的任務。

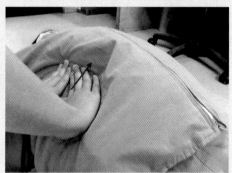

超過20週孕婦，平躺CPR要把子宮盡可能左推，同時CPR

➕ 如果一人急救，該怎麼 CPR ？

　　只有一個人 CPR 時，如果手邊有東西可供利用，就要**墊高孕婦媽咪的右背部 30 度**，最好是**堅硬的板子**，避免子宮壓扁大血管，然後進行 CPR。如果手邊剛好沒有東西可以墊高，就跪在孕婦媽咪的**右邊**，然後把孕婦抱到你的大腿上，**用大腿頂起孕婦的右背**，然後進行 CPR ！！

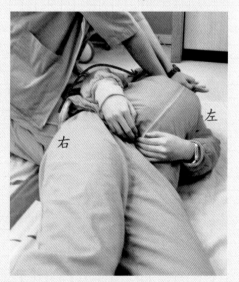

如果沒有東西墊高，用膝蓋撐高右背30度，然後進行CPR

⭕ 堅硬（正確）

 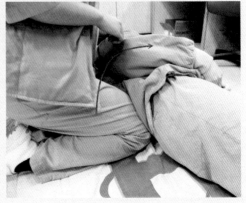

墊高 30 度要用硬的物品才有效　　如果手邊沒有東西墊高，使用膝蓋

❌ 軟（錯誤）

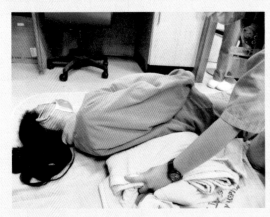

墊高不要用太軟的
物品，效果不佳

 一句重點

對看得出來有懷孕的婦女 CPR 時，**要想盡辦法墊高她右邊背部
30 度**。

HOW TO DO

嬰幼兒 CPR 詳細作法

🏥 兒童 CPR

僅一人在場急救,**先壓胸 2 分鐘再求救**。

兒童跟成人 CPR 最主要的不同,是如果現場只有你一人,你應該要先**壓胸 2 分鐘、或是壓 200 下以後再求救(打 119)!**(如果有兩個人以上,就完全相同,另一個人在你壓胸時,就可以直接求救。)

▼ ▼

1 ~ 8 歲的兒童

壓胸的方式是用**單手的掌根**,對準**乳頭連線的中心點**快速按壓,力道比較容易拿捏。

超過 8 歲

跟大人一樣,用雙手 CPR。

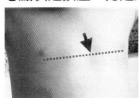

CPR按壓的位置在乳頭中線

超過1歲的小孩用單掌按壓比較容易拿捏力道

· 按壓的深度至少是兒童身體的 ⅓ 深。
· 速度跟成人一樣是至少 100 ~ 120 下 / 分鐘。

注意事項

造成兒童心跳停止的原因往往是呼吸道被東西卡住,所以求救後千辛萬苦帶來的傻瓜電擊器就英雄無用武之地,先壓胸 CPR 擠壓胸口,可以把哽住的東西推出來,是急救兒童更要緊的事,先 CPR 急救 2 分鐘再求救。

🧰 嬰兒 CPR

小於 1 歲

小於 1 歲的嬰兒，壓胸的方式是把一手的食指和中指併攏，然後用兩指指腹的地方，對著乳頭連線的中心點快速按壓。

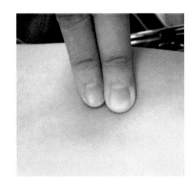

嬰兒用兩根手指壓胸

如果現場只有你一個人，先壓胸 2 分鐘以後再求救（打 119）！！（如果有兩個人以上，另一個人就可以逕行求救。）

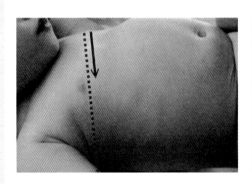

· 按壓的深度至少是兒童身體的 ⅓ 深。
· 速度跟成人一樣是至少 100 ～ 120 下 / 分鐘。

！ 一句重點

只有一人到達現場時，成人先打 119 再 CPR，兒童先 CPR 兩分鐘再打 119 ！

🫀 除了 CPR 以外，還需傻瓜電擊器

學會了口訣「叫叫壓」，充滿熱血、渴望救人的你，也許覺得救人很簡單，不過就是跪下來打直雙手，像是發功催動內力，每分鐘超過 100 下的壓胸、放開、壓胸、放開，**按壓深度至少超過 5 公分（或至少胸腔 ⅓ 厚度）**，但是肯定有種莫名的疑惑：難道這樣就可以把人救活了嗎？要救活一個人，還需要打通你的任督二脈！追根究底說一個人沒死或死透了，有個最簡單的分別，就是**心是不是還在跳！**

✚ 持續 CPR，維持規律的心跳

心臟怎麼跳？答案就是……**規律**，很讓人心安的規律！死透的人胸口當然聽不到這個美妙的規律，只會聽到一片空虛的死寂。

在 CPR 壓胸和放開的時候，我們在追尋的，就是模擬這個充滿規律心跳的工作，代替心臟收縮，每壓一下，心臟的血就被擠到全身，放的時候，心臟產生的負壓就把血吸回心臟裡，身體就出現了由旁人帶動的循環，血液的流動。

壓胸為什麼不能中斷？就像美妙的心跳不可以中斷一樣，因為那是一個人存在的依據，中斷越久，那個充滿規律的生命節奏，就越不可能回復。讓我們再講得仔細一點，在規律的心跳停止後，會有 6 分鐘的黃金時間，如果在這段時間，有人伸出那雙救命的手，代替心臟工作，這個失去心跳的人，就有很大的機會被救回來。

但這時候心臟在做什麼？難道前一刻還撲通、撲通的心臟，在倒下的那一刻，就立刻停止了跳動嗎？不，不是的！在幾分鐘的時間裡，心臟還是會驚慌地顫動，但是卻失去了最重要的……**規……律！**

心跳停止前，顫抖的心臟就像彼此相配合的樂隊，荒腔走板的演奏，直到心臟的每個部分都停止跳動為止，這時的心臟，因為沒有規律，完全沒辦法鼓動全身血流的循環，血液一旦停止流動，所有的細胞，就會一個一個的凋零，像是乾渴枯萎的小花。

有個東西可以在這個劇情急轉直下的時候，像是個大銅鈸一樣，震耳欲聾的「鏘」一聲，讓不聽指揮的各部樂器突然都停了下來，恢復最單純、最美好的「撲通、撲通」聲。這個東西就是「**傻瓜電擊器**」（AED，自動體外心臟除顫器）！

所以為什麼會這麼強調「第一個叫」，是叫人看他會不會有反應；「第二個叫」，就是趕快要打119，救護車就會帶來這個救命的傻瓜電擊器；如果你在高鐵站、飛機場、學校、捷運站、鐵路局，或是有設置傻瓜電擊器的地方，就可以請人盡快帶到現場使用。

簡單來說，要讓一個停掉的心跳重新跳起來，就像在冰天雪地裡，要發動一台拋錨的車子一樣，要有一把鑰匙；還要有可以隨時活動的引擎，可以催動油箱裡的汽油，讓汽油在冰天雪地裡維持發燙的熱度，可以一發動就點燃火星塞，兩種東西都缺一不可。

當我們 CPR 在壓胸的時候，就像在代替了汽車的引擎，暫時的翻攪活絡了汽油，讓車子可以緩慢的移動，也讓汽油充滿熱度，隨時準備好被點燃。但是要發動停掉的引擎，需要的是一把鑰匙！

傻瓜電擊器

打 119 報案的注意事項

- 保持冷靜。
- 清楚說出事故的地址或交叉路口，如果不知道所處的地點，告知附近明顯的地標或是特徵。
- 說明事故（例如：有人倒地失去意識）。
- 提供聯絡電話。
- 如果在手機收訊不通的地方，撥打 112！

當我們熱情有勁的 CPR 壓胸了一段時間，持續維持引擎的熱度，這時候如果傻瓜電擊器可以即時趕到，就像在關鍵的時刻掏出鑰匙，發動的機會就會很高很高，那個美妙到讓人想哭泣的心跳，就會即時把靈魂栓回身體裡，讓生命繼續發光發熱。就像是電腦的 reset 鍵一樣，**是一把可以重新找回生命秩序的鑰匙**。而這些關鍵的步驟，就是急診醫師在急救室裡賣命幫病人做的事！卻可以在現場，**由你開始！**

近年來，參考各國的經驗和實驗證明，傻瓜電擊器的設置可以有效提高急救的存活率，這點在廣設傻瓜電擊器的日本已經得到證實。日前，衛生署通過緊急醫療救護法，目前在台灣地區人群聚集的地方，包含捷運、機場、高鐵，也都增設傻瓜電擊器。

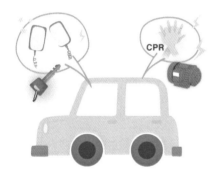

救人就像開車，需要傻瓜電擊器發動車子，引擎也需要CPR持續運轉

 目前有中興保全、新光保全提供 AED 的租借服務。

中興保全
· 免費服務電話：0800-22-11-95
· 網址：http://www.secom.com.tw/

新光保全
· 免費服務電話：0800-097-668
· 網址：http://www.sks.com.tw/

傻瓜電擊器詳細作法

這個生命的鑰匙，有個繞口的名字：「自動體外心臟除顫器」，我們又叫它「傻瓜電擊器」，原因是因為操作非常容易，只要「打開電源」，接下來的每個步驟，電腦都會童叟無欺的用語音跟你說。

1 取得電擊器後，你要執行的部分其實只有兩個，第一就是按下電源鍵（長得就跟一般的電器開關一樣，通常是**綠色的按鈕**）。

2 因為電擊需要導電，所以**要把被救者胸前的衣物打開。** 這時候電腦就會開始指揮，（通常是女聲）她會説：「將電擊片貼到病人的皮膚上」。

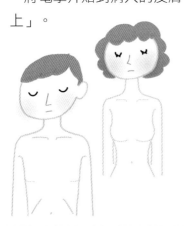

3 將電擊片的插頭插到閃燈旁的插孔內」一個指令一個動作，你撕開鋁箔袋，把電擊貼片拿出來，把導線接上機器。

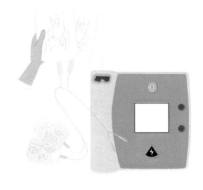

4 在電極貼片上，**都畫好了**貼
電擊片的位置，撕下電擊片貼
布，把貼片貼在圖示的位置上
（右肩和左邊乳下），重點是
電擊片的連線能夠通過心臟的
位置，電擊時才會有電流通過
心臟。

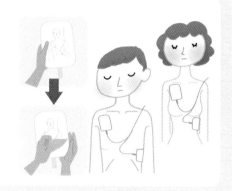

5 然後電擊器會說：「現在正在
分析心率」，這時**停止 CPR**，
所有人停止與被救者接觸，避
免干擾傻瓜電擊器的判讀。

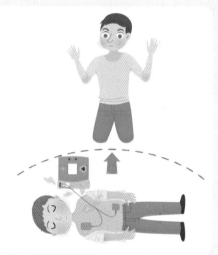

6 當電擊器分析病人
是可以電擊的心率
時，她會說：「可
電擊心率，請電
擊。」然後在操作
台上下面畫著閃電
標誌的**紅色扇形
閃燈就會一閃一
閃的。**

7 要小心圍觀的旁人
觸電，這時候你要
環顧四周，**確定包
含你自己以及全部
人都沒有人接觸到
被救者的身體**，大
聲喊出「**你離開，
我離開，大家都離
開**」，然後**按下電
擊鈕**。

💓 傻瓜電擊器電擊完繼續 CPR

電擊完成後，這時不要遲疑，立刻繼續高品質的 CPR（用力壓、快快壓）。

注意事項

- 如果施救的對象是溺水者，或者是胸口有水漬的人，最好先擦乾皮膚，再貼電擊貼片，因為水漬電阻小，電擊時，電會直接通過皮膚表面的水漬，而不會電擊到心臟。
- 貼片必須直接貼在皮膚上，酸痛貼布或是束腹都必須移除。
- 傻瓜電擊器目前只會說國語，沒有提供台語和客語。

💓 CPR 有反應了怎麼處理？

如果病人恢復自發性的呼吸，在等待救援期間，請把被救者安排成**復甦姿勢**：側身，讓雙腿成弓箭步，固定被救者的身體，讓他不至於滾動，然後把在上位的手放在臉龐下，讓臉側固定在手上，像在睡午覺一樣，被救者的呼吸就不會被自己的口水或舌頭哽住。

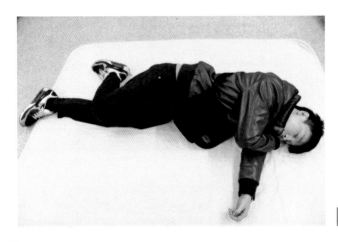

翻成側躺的姿勢

💓 如果我願意人工呼吸，該怎麼做？

① 用一手壓額頭，讓下巴抬起來，像是往天空看的姿勢。

② 聚氣丹田的深吸一口氣。

③ 用姆指和食指捏緊鼻孔，然後再用嘴巴罩住他的全部嘴巴，不可以有縫隙，然後用力的**吹氣 1 秒鐘，直到他的胸口因為吹入的空氣鼓起來才算有效。**

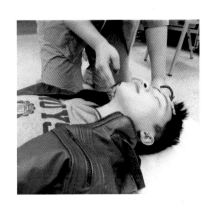

💓 人工呼吸配合壓胸怎麼做？

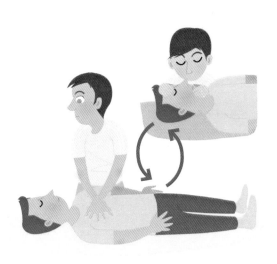

每次完成壓胸 30 下，就照上述人工呼吸 1 ～ 3 的步驟重複吹氣兩次，每次吹氣要足夠維持 1 秒鐘的充足氣流，**讓胸口被吹到鼓起來**；然後再壓胸 30 下，再次重複吹氣兩次，維持每壓胸 30 下，就吹氣 2 下，30：2 固定比例的節奏。如果現場有人可以換手接力，每兩分鐘相互替換讓另一個人接手 CPR 下去，直到 119 的救護員到來。

> ❗ 一句重點
>
> 大叫搖動沒反應，請人打 119，開始壓胸！

溺水的急救

————

據説人在死亡前會突然看到一生的縮影，想到初戀的情人、錯過的真愛，但是溺水的人卻忙亂到沒有這種悠閒的時間。驚慌奮力亂拍水之後，求生本能會讓你大叫，趁口鼻浮在水面上時猛力的吸好幾口氣，然後想盡辦法憋氣。在大叫之中，不免吃了好幾口水，更加速恐慌的蔓延。

幾乎所有人都覺得，溺水的人一定整個肺部都是水，但研究發現，在水灌到氣管的瞬間，一部分人氣管會劇烈的收縮，完全關掉水灌進肺部的通道，但是同樣的結果，都是因為缺氧造成死亡。溺水時唯一的方法就是要保持鎮定，且要具備**仰漂在水上的條件**。

♥ 仰漂在水上求救

漂浮在水上的能力是透過反覆在游泳池裡的練習，我們能掌握吸氣和吐氣的時機，配合手腳的划動，能停留在水面上很長的時間，伺機呼救或等待救援。

我們的肺部是光著屁屁都還帶在身上的秘密武器，深深深呼吸時，脹飽的肺部是隨時可以提供上升力量的浮力衣。這樣的説法很讓人疑惑，就算吸飽了氣，又不是在死海，還不是會往下沉。長時間的飄浮，**仍然需要配合手腳的划動**，在吐氣下沉時，不管是用腳踢水還是把手往下划，都可以提供身體保持在水面上的動力，直到你再次吸飽氣為止。

在身體因為慌張揮舞亂動時，划動的方向四面八方，需要非常費力的划動，才能勉強浮在水上。但是當我們放鬆身體，不盲目的扭動，就不需要使勁的划，讓身體在最輕鬆的狀態下，吸飽氣時上浮的力量就會顯現，可以保持長久的體力。放鬆的身體讓我們冷靜想更好的判斷求救的方法和時機。

HOW TO DO

水上仰漂詳細作法

1 全身放鬆，手腳略呈「大」字

2 吸飽氣、頭向後仰，手腳輕輕往下划動

3 靠著胸腔浮力，保持口鼻在水面上

！ 注意事項

使用水母漂，缺點是無法看清楚水面的情況，無法求救，比較適合在已經呼救，等待救援的時候。

HOW TO DO

搶救溺水者詳細作法

在急救的觀念裡，最重要的是**先確保自身的安全**，避免越幫越忙，自己也變成需要急救的對象。教育部有救溺水者的五字口訣：「**叫、叫、伸、拋、划**」。簡單來說，就是要我們不可以身犯險，**凝聚眾人的力量**給溺水者最大的獲救機會。

① 第一步是先求救，大聲呼叫，叫來周邊的人，大家集思廣益，三個臭皮匠，勝過一個諸葛亮。

② 然後報警，不管是打 110、119、手機直撥的消防專線 112、或是海巡署的緊急電話 118，這些都是全年無休，一天 24 小時救命專線，能帶來更大型的搶救工具和專業救難人員。

叫 **大聲呼救**

叫 **呼叫**
電話撥打 119、118、110、112

　　接下來的 3 個步驟，是教大家**利用竹竿或樹枝**延伸可以構到溺水者，**丟游泳圈或是漂浮物**給溺水者，或是**划船、大型浮具**去救人，但就是盡可能**不要單獨去救人**！因為這一下水，你可能沒有 100% 救回他的機會，卻可能變成下一個需要被救的對象！

伸 利用延伸物

竹竿、樹枝等

拋 拋送漂浮物

球、繩、瓶等

划 利用大型浮具划過去

船、浮木、救生圈、救生浮標、
保麗龍等

對溺水者 CPR 詳細作法

適用時機：當把溺水者拉上岸時，如果病人在你拍打雙肩、大聲呼叫沒反應，就要想起 CPR 的三部曲：叫、叫、壓！

1 叫（叫患者）→沒反應→**決定 CPR**

2 叫（求救：救人喔！大家**快過來！**）

3 如果有人來，指派一個人**打 119**→ **CPR200 下**→人工呼吸兩口氣→換手→ CPR200 下→吹兩口氣→換手→直到 119 到達接手為止。

4 如果沒有人來，只有你一個人→ **CPR200 下**→**吹兩口氣**→**再打 119**！

➕ 為什麼要給呼吸？

如同前面說的，溺水不管肺裡有沒有灌水，還是氣管受驚以後整個縮起來，問題都是**缺氧**！而且海邊或是景點，因為在郊區，救護車需要更長的時間到達現場，所以**有沒有給呼吸就顯得重要**。

當然，如果有疑慮或是不願意給呼吸，一定要壓胸，至少讓溺水者增加一點救回來的機會。

➕ 怎麼給呼吸？

沒錯，只要講到「口對口人工呼吸」，大家都會出現噘起嘴、閉上眼的畫面，但是要成功的給溺水者呼吸，有兩個條件：

1 **嘴巴夠大，可以完全密封吹進去的空氣**，沒有「漏風」的機會。為了達成這點，你要一**手捏緊病人的鼻孔**，一手抬起他的下巴，然後吸一口長氣。
氣要夠長，要能十足夠勁的給氣1秒鐘！

2 **如果不願意口對口，請記得壓胸！**

Q 溺水的 CPR 跟一般的 CPR 哪裡不一樣？

　　如果有多數人一起急救，流程就相同，請人打 119 後開始壓胸。**如果只有你一個人**，一般 CPR 是先打 119 再壓胸，但在溺水的急救裡，**先壓胸 200 下或壓 2 分鐘後，給兩口呼吸，再打 119。**

Q 溺水的人是不是應該哈姆立克法？電視上都這樣演，壓壓肚子，吐出水來人就醒了？

　　親愛的孩子，別傻了，電視上連急救都可以荒腔走板、騙人的，電視和電影負責的是娛樂，不是嚴肅的告訴你真實的世界。**急救失去意識的人，不應該哈姆立克法急救，應該開始 CPR，溺水失去意識的人也一樣。**

　　前面說過，溺水的人一種是被水淹死的，另一種是被氣管卡死，壓肚子的哈姆立克法會擠壓胃部，卻擠不出流到肺裡的水，對氣管縮死的溺水者更是一點用都沒有，反而容易把胃的食物壓出來，讓昏迷的溺水者噎到，所以**不應該對溺水的人使用哈姆立克法。**

PART 2
傷口的急救

▶ 04 切割傷的處理　　　　　56

▶ 05 為什麼受傷要打破傷風？　67

▶ 06 傷口的照顧心法　　　　73

▶ 07 蜂窩性組織炎　　　　　82

▶ 08 撞傷、挫傷　　　　　　89

▶ 09 燙傷　　　　　　　　　98

▶ 10 動物咬傷　　　　　　　109

切割傷的處理

親愛的小紅帽，有一件事爸爸一直不了解，小的時候，我們總是拼命的希望小朋友相信這個世界的真善美；但是小朋友長大了，爸媽又卯起來擔心，怕小孩不知道人世險惡，就算眼前出現一隻小鹿斑比，除非已經扒光牠的皮，最好先當成大野狼。

世界就像月亮，遠遠看，無限美好；但是認真拿起放大鏡來看，卻是坑坑疤疤、滿目瘡痍，這對整天坐在急診室診間的老爸，感觸特別深刻。

診間外有一對深情款款的夫妻掛了號，先生的手臂上有兩三道長長的傷口，隔著紗布還漬漬的滲血，本來以為是先生要看，沒想到太太一轉身，背後赫然插著一把尖刀，還沒拔出來。

急診室裡的劇情，總是天外飛來一筆，然後像半空中接不住的刀子，往往又會急轉直下，等到深情無比的先生，攙扶太太進到拉起床簾的圍幕裡，換上病人服，準備開刀，圍簾裡突然爆出一陣推擠，先生被一股怪力踹出了簾子。

先生一時紅了脖子，氣上心頭，抓起旁邊的點滴架高高舉起，卻被兩旁的醫院保全攔下，這種八點檔的肥皂劇，卻是急診室每天上演的單元劇。

❤ 成因

被刀子割到，或是被碰撞拉扯，造成皮膚深層的撕裂的傷口，不容易止血，只要稍微出力，就可以把傷口兩邊明顯扳開。

❤ 為什麼需要把撕裂開的傷口縫合？

縫合傷口有兩個主要的目的，一是有效的**止血**；二是把傷口平整的對齊，縮短傷口復元的時間，**減小疤痕的面積**，比較美觀。

傷口在受傷之後，人體有自行修復的能力，隨著時間一分一秒的過去，肉眼看不到的表皮細胞就會慢慢移動覆蓋到傷口上，大約 48 ～ 72 小時左右，表皮就會完成初步的修復。

這就像是一個隨著時間要關上的大門，包含了髒污和可能造成傷口感染的小細菌，都可能被關在這個大門裡，吸附著營養的傷口，無聲無息的滋長著，準備作亂，甚至是引起**蜂窩性組織炎**。

所以即早到醫院縫合，醫生會細心的幫你用無菌的食鹽水洗好傷口，把不平整的傷口修整好，把卡在細縫裡的外來物清除掉，減少傷口感染的機率。

寬闊的傷口被拉近成平整的直線，所以表皮細胞要慢慢爬行覆蓋的範圍也變短，傷口復元的時間縮短了，疤痕當然就比較小。

　　如果傷口小而平整，直接加壓可止血，不需縫合的話，可以依照下列步驟處理傷口。如果有需要縫合的情況，處理同樣從清洗傷口開始，然後用乾淨的紗布直接在傷口上加壓止血，並且到急診室處理。

　　如果破傷風疫苗的效期**超過 5 年**，需就醫評估是否要施打破傷風疫苗（請參考 P67「為什麼受傷要打破傷風？」）。

HOW TO DO

1 **清洗**：受傷後先以乾淨的水或生理食鹽水沖洗傷口。

2 **止血**：用乾淨的紗布直接在傷口上加壓止血 10 分鐘，重覆加壓直到止血（若無法止血，須就醫處理）。

3 **消毒**：使用優碘或是抗菌藥膏換藥。

4 **照顧**：避免牽動到傷口（手的傷口不可抬重物，也不要劇烈運動；在腳的傷口，要避免走動），**48 小時內**在傷口周圍**冰敷**，抬高傷處。

48 小時內盡量不要讓傷口碰到水，可以買防水透氣的貼布或是人工皮保護，一天換藥 2 ～ 3 次，每次換藥前**先用生理食鹽水清洗傷口**，再進行換藥（請參考 P73「傷口的照顧心法」）。

新生的傷口像玫瑰一樣十分嬌嫩，要避免日曬才不會變黑；拆線後即可使用美容膠帶（請參考 P64 的「FAQ 美容膠要怎麼用？」）。

5 **觀察**：注意傷口冰敷後，周圍是否持續的**紅**、**熱**、**腫**、**痛**超過 2 日，或是開始**發燒**，就要擔心是不是變成**蜂窩性組織炎**，需要就醫處理。

怎樣算嚴重？

在皮膚下有**肌肉、神經、血管和肌腱**，如果在正確的加壓止血後，仍像個關不掉的水龍頭，一直冒血，或是活動範圍受到影響，沒辦法保有完整活動的功能，就可能傷害到這些重要的東西。

傷口縫合的黃金時間是多久？

一般而言，**8 小時**以內的傷口，仔細清潔後，可以在急診室裡縫合；在臉部或是生殖器的傷口，因為血管比較豐富，縫合的時間可以延長到 **12 小時**。

如果超過這段時間，因為細菌都已經侵入到傷口，跟組織你儂我儂，山盟海誓再也分不開。這時候縫合，就會把**細菌關在傷口裡面**，大大增加感染的機會，這時**即使來到急診室，醫師也不建議縫合**，要先經過幾天的換藥，等到傷口已經穩定，沒有感染的跡象後，再進行縫合。

傷口會不會留疤？

凡走過必留下痕跡，其實會不會造成傷疤，在受傷的那一刻已經決定了，割得越深的傷口，需要填充更多的表皮細胞，越容易留疤；發炎感染越厲害的傷口，因為細菌和白血球殺得屍橫遍野、鬼哭神嚎，腫脹越嚴重，也越容易留疤。

💓 什麼樣的傷口需要就醫及縫合？

1. **超過 1 公分**以上的傷口；**臉部超過 0.5 公分**的傷口。

2. 深度**太深、流血不止**，即使是在傷口加壓 10 分鐘後仍然無法止血的傷口。

3. 不規則的傷口。

4. 髒污的傷口、摔倒或犁田（車禍）後有卡砂子的傷口，如果無法充分清除乾淨，需要就醫處理。

5. 活動範圍受限、影響到活動功能的傷口。

6. 有**外來的異物**（如玻璃）卡在裡面的傷口。

💓 在急診會如何治療？

急診醫師會先詢問外傷發生的**過程與時間**，確認藥物過敏的情形和破傷風疫苗是否仍在效期內。如果擔心有異物殘留在裡面、或是骨折，會考慮照 X 光片或超音波檢查，並且在縫合傷口時確認有沒有異物。

另外，會確認傷處活動的功能，有沒有重要的神經、血管或是肌腱受傷，接著就會**在局部打麻醉**，等到麻藥開始作用，在不會疼痛的情況下將傷口清洗乾淨後，進行縫合。

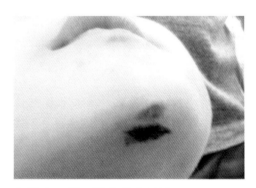

換藥時，傷口要完整的清洗

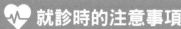 就診時的注意事項

　　除了主動告知藥物過敏史（可能會開止痛和抗生素藥物），孕齡女性有沒有懷孕之外：

1️⃣ 破傷風疫苗是否在 **10 年之內**的效期，**如果是很深的傷口，破傷風疫苗的效期要在 5 年之內。**

2️⃣ 是怎麼樣受傷的（例如被狗咬傷、在海邊玩被礁石刮到等）？

3️⃣ 如果是手背上的傷口，是不是因為打架？譬如說打在對方的臉上（因為傷口可能有被牙齒刮到）？

4️⃣ 受傷的時間間隔多久了（是不是在可以縫合的黃金時間內）？

5️⃣ 是不是因為東西爆裂或是破掉（例如眼鏡、碗、玻璃）造成的切割傷？有沒有感覺有東西在裡面？是不是有把插進去的物體拔出來的動作？

什麼事情必須做？

只要受傷的深度夠深，就會有疤，但事在人為，卻可以想辦法讓疤比較細、比較不明顯。

在黃金時間內清潔好傷口，縫合對齊，可以把大傷口縮小，從大疤變成小疤；對腫脹的傷口做好冰敷，把受傷的地方抬到高於心臟的位置，避免發炎以後腫脹太厲害，就不會因為發炎造成的腫脹，撐開拉大傷口。

61

什麼事情不該做？

在關節的傷口，即使縫合後也要避免太大角度的活動去牽動到傷口，甚至繃斷了縫線。

 預防的方法

拆線的時機，**臉部通常是 5～7 天左右**；**身體其他部位的傷口通常是 7～10 天左右**；如果是**關節面的傷口**，因為較容易活動去牽動到，傷口穩定需要的時間較久，所以拆線的時間可能會延長 10～14 天左右。

急診縫合完後，通常會建議 **2～3 天內**，先到外科回診一次，尤其是那些**比較髒、擔心會感染**的傷口，先回診看傷口有沒有感染，需不需要清理發炎感染的組織，如果情況順利，再安排回診拆線的時間。

一般來說，身體**越下段的傷口**，一方面因為照顧和觀察不容易，**越容易感染**，尤其是足部的傷口，**感染的機會會比手或頭臉的機會來得更高**，所以照顧傷口要越仔細。

建議回診科別

一般外科、整形外科

Q 除了用針線縫合外,有沒有其他縫合切割傷的方法?

　　除了用最傳統的方法之外,可以用像 3 秒膠一樣的**傷口黏著劑**,或是像釘書機一樣的**釘皮機**。

● 傷口黏著劑

　　傷口黏著劑需要由醫師評估使用,並不是所有的醫療院所都有提供這種東西,而且**傷口黏著劑只適用在傷口很乾淨平整、沒有分泌物或持續出血**的傷口,不是**所有的傷口都適用**。如果是狗咬傷、很髒的傷口,或是沒辦法止血的傷口,就要用針線縫合。

　　使用的過程很快,差不多只要 1 分鐘等待黏著劑乾掉即可,使用的方法跟黏 3 秒膠沒有兩樣,對要縫針比被大野狼抓走還痛苦千萬倍的小朋友算是一大福音。

● 釘皮機

　　另外在頭皮上、頭髮可以覆蓋的地方,因為比較不需要考慮到美觀,可以選擇一種快又有效的方式,消毒完,就用頭皮針的訂書機,1～2 分鐘就可以釘完傷口。

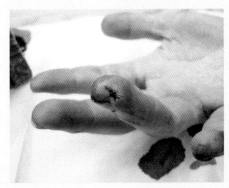

傳統的縫合線

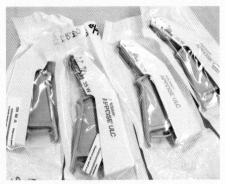

像釘書機一樣的縫合器可以用在頭皮的撕裂傷

Q 打麻醉以後真的就沒感覺了嗎？效果可以持續多久？

打完麻醉是**沒有疼痛的感覺**，但是仍然可以感覺到醫師在處理時的碰觸和拉扯，效果可以持續 **1 ～ 2 個小時**，之後可以服用口服藥止痛。

Q 美容膠要怎麼用？

疤痕的形成就像國父革命一樣，歷經 **6 週～ 2 年**不等漫長的破壞與再造，所以使用藥局都有賣的美容膠或是有彈性的矽膠片，可以減少傷疤的拉扯，讓疤痕免於在這段艱辛又漫長的革命過程裡走樣。

使用美容膠的時機，最好是在受傷一開始或拆線後就立刻使用，**持續使用 4 ～ 6 週左右的時間**（要一整天都貼著），直到傷口比較穩定為止。

使用時，不是單單像貼膠帶一樣貼在傷口上而已，要先緊貼一邊後，用一點力把**傷口拉向另外一邊**，再貼往傷口的另一邊，這樣才有**減輕傷口壓力**的效果。

Q 去急診室處理臉的傷口，可以幫我們用美容針嗎？

其實在急診縫合的針線和整形外科縫合所使用的針線沒有不同，一般民眾指的美容針是細線，在臉部縫合的針線通常都是使用 5 號或 6 號的細線，急診醫師在縫合時也是使用**同樣規格**的細線。

Q 如果還是不幸產生疤痕，還有補救的方法嗎？

疤痕無法消除，但是可以變淡，或是想辦法接近正常皮膚的顏色，就比較看不出來，所以如果覺得疤痕還是太明顯，可以到整形外科或是醫美診所諮詢最適合自己的方式。

Q 可否用不需拆線的縫線來縫傷口？

不用拆線的縫線會與人體的組織沾黏在一起，被吸收掉，但是在表皮的傷口，為了縫線可以穩定的拉住傷口，所以**不能使用不用拆線的縫線**，因為過一段時間之後，縫線的強度就會被吸收而減低，傷口就容易蹦裂，而且這種縫線會和組織黏成一團，形成突起，所以不適合使用在表皮的傷口。

！一句重點

傷口流血不止，或是稍用力就可以**明顯分開**，需要在 **8 小時內到醫院**就診縫合。

切割傷處理要點

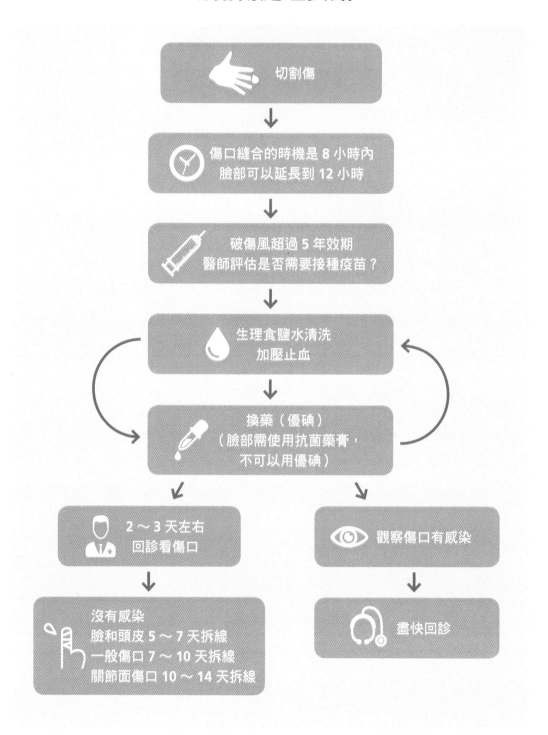

切割傷

傷口縫合的時機是 8 小時內
臉部可以延長到 12 小時

破傷風超過 5 年效期
醫師評估是否需要接種疫苗？

生理食鹽水清洗
加壓止血

換藥（優碘）
（臉部需使用抗菌藥膏，
不可以用優碘）

2 ～ 3 天左右
回診看傷口

觀察傷口有感染

沒有感染
臉和頭皮 5 ～ 7 天拆線
一般傷口 7 ～ 10 天拆線
關節面傷口 10 ～ 14 天拆線

盡快回診

為什麼受傷要打破傷風？

　　仔細地回想起來，人的一生真是充滿了血淚。

　　剛出生，只是奮力的翻身，掙扎著想換個看世界的角度，就摔下床撞破頭；小時候，只是為了追逐蝴蝶斑斕輕巧的雙翼，在體會世界的無情前，多捕捉一點真善美，就在大馬路上仆街；為了在踏進放浪的世界前，珍藏純愛的美好回憶，顫抖的告白後立刻領到好人卡，已夠讓人心碎，在大雨中淚奔回家，也可以一字馬滑倒。

　　青春期過後，根本也沒礙著誰，只不過稍微帥一點、美一點，就人紅遭忌，所以走路常跌倒、切菜切到手、跟小狗玩被咬、過騎樓被花盆砸、吃螃蟹也被螯夾傷；等拿到駕照，不過就是暫時想要逃離人世間的冷酷，擺脫沉重的地心引力，催了油門，就犛田。

　　於是在每次受傷後，總是會被仔細的朋友和老爸老媽提醒，「要去醫院打一針破傷風吧？」或是車禍被送去醫院後，被醫生和護士一遍又一遍的問候著：「10年內有打過破傷風疫苗嗎？」

　　如果是小朋友就會問：「疫苗有照手冊按時施打嗎？」

　　「媽啦，我才不要打針咧。」不管是3歲還是30歲，反應都一樣。

　　到底為什麼要打破傷風？是不是每次外傷都要打破傷風？又什麼樣的外傷需要打破傷風呢？

常常會有人以為，打了一針破傷風就不會細菌感染，其實是**錯誤的觀念**。打了破傷風疫苗，**只能夠預防破傷風僅此一種的細菌**，髒污的傷口沒有好好消毒、換藥，還是註定會感染、發炎，跟有沒有打破傷風，一點關係都沒有。

但破傷風是一種非常**恐怖的細菌**，經過 2 天到 2 週的潛伏期後發病，造成全身肌肉的僵直，這不會讓你變成魔鬼筋肉人，反而讓你全身的肌肉痛苦痙攣，嘴巴僵直打不開，無法吞咽，甚至不能呼吸，死亡率高達 10 ～ 90％。最後因為臉部的肌肉僵直，死前還會面露一縷詭異的獰笑。

破傷風疫苗

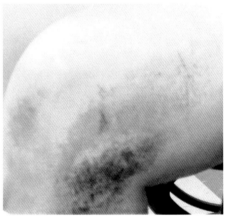

見血的傷口通常都需要打破傷風疫苗

❤️ 什麼時候該去急診室？

台灣地區近年感染到破傷風的案例僅個位數，有一例是未成年少女產子，用沒消毒的剪刀，自己剪臍帶造成破傷風細菌感染；另一例，是一位老先生搬大型機具被砸到腳，沒打疫苗，得到破傷風外，已幾乎沒有病例（資料來源：衛生署網站），因為大家都很清楚，只要有外傷，都要打破傷風疫苗。

傷口的深淺，不一定決定會不會感染破傷風，如果**有傷口**，**疫苗施打間隔10年以上**、或是**不確定施打的時間**，都最好到醫院的急診、家醫科、外科由醫師評估，是否需要打疫苗。

💓 在急診會如何治療？

如果有外傷，但是不知道自己需不需要打破傷風，到急診處理傷口外，就可以由醫生評估是不是需要接種破傷風疫苗。

💓 就診時的注意事項

雖然極少發生，但是如果對破傷風疫苗會過敏，一定要主動告知醫師！（筆者在急診室工作的 10 餘年間，只有見過一例疑似破傷風過敏的患者。）

處理外傷的病人，急診一律都會詢問**上一次破傷風疫苗施打的時間**，如果不能確定時間，通常會建議施打。

破傷風疫苗是模仿破傷風的毒素，做出完全無毒的疫苗，讓人體產生抗體，很少產生過敏，對孕婦、哺乳的媽咪或是兒童都很安全，所以如果有需要，建議都要施打疫苗。

打疫苗的針跟打藥物不一樣，打完疫苗**不可以揉**，也不需要揉，只要輕輕壓著 5 分鐘，直到不會流血就可以了。打完破傷風不揉散，疫苗留存在皮膚下的時間比較久，可以加長身體培養和訓練出更多對抗破傷風的士兵（抗體），產生更好的免疫力。

❤️ 建議接種科別

如果有外傷，可以到急診室處理外傷，並由醫師建議是否需要施打破傷風疫苗；如果是要到門診施打，可以去旅遊醫學科、家醫科、外科接種。

❤️ 自己的疫苗是不是在有效期內？

依照台灣地區的疫苗政策，從**民國 44 年起**，6 個月大的小朋友在**第二、第四和第六個月**會完成三劑三合一疫苗，其中就**包含破傷風**。這時候小朋友剛好開始會翻身，開始會受傷，但只要有**完成 3 次**的疫苗接種，在受傷時就不需要額外再打破傷風疫苗。

另外，**在 18 個月大**，還有國小一年級的時候，都會再打一次破傷風疫苗，自此可以**維持 10 年的效力**，以台灣地區 6 足歲可以念小一來算，破傷風疫苗的保護力**可以維持到 16 歲**，也就是**高一**。如果超過這個年紀，有外傷的話，就最好讓醫生評估傷口，看是否需要打破傷風疫苗。

另外一個考量是如果**打算出國**，但破傷風疫苗的效期已經超過 10 年，最好去看旅遊門診或是家醫科、一般外科門診，施打破傷風疫苗，畢竟人在異地，如果真的不小心受了傷，就不用擔心上哪去接種破傷風疫苗。

受傷後幾天了，施打破傷風還有效嗎？

如果有僵直的症狀，開始發病了，就必須立刻就醫，施以抗生素的治療，並且把抗體直接打進身體裡。這時打破傷風疫苗，因為沒有足夠的時間產生抗體，就沒有效用了。但如果沒有症狀，施打的目的，是放眼未來，可以保護將來的 10 年不受到破傷風細菌的感染。

 既然小時候都有施打疫苗，家裡年紀大的長輩是不是都有抗體了呢？

台灣地區的破傷風疫苗是民國 44 年才開始施打的，所以 44 年次以前的長輩，小時候並沒有施打破傷風疫苗，因此一旦受傷，要特別謹慎處理，建議一定要來醫院接種。

一句重點

超過 **16 歲以上**，如果前次破傷風疫苗施打已經**超過 5 年**，最好就醫評估傷口是否需要接種疫苗。

要不要打破傷風處理要點

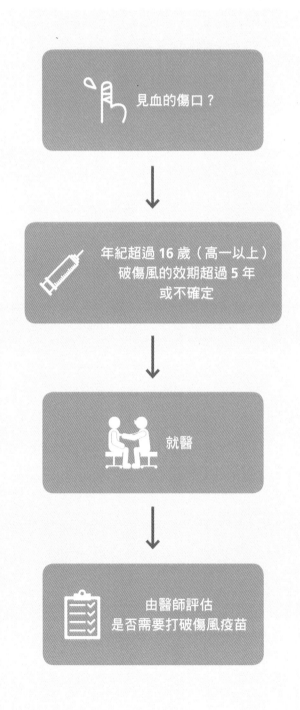

見血的傷口？

年紀超過 16 歲（高一以上）
破傷風的效期超過 5 年
或不確定

就醫

由醫師評估
是否需要打破傷風疫苗

傷口的照顧心法

傷口的處理，就像種一畝田。農夫在種田之前，先疏渠，把雜草拔乾淨，然後再種稻，每天巡田，用乾淨的水清洗田地，然後才會長成綠油油的稻子，不會亂長出一堆雜草。

傷口的復元，是由一顆一顆的表皮細胞，漸漸移動覆蓋滿整個傷口，所以傷口越大、或是越深，需要花費更久的時間，才能覆蓋滿整個傷口，就需要越有耐心的照顧。

在傷口形成的同時，卡在傷口上的沙子或是髒污，同時沾附在受傷的部位，就像在稻田裡塞了一顆硬石一樣，好的稻子長不出來，能生根的都是生命力強的雜草。同樣的道理，正常的表皮細胞因為卡了沙子長不好，造成感染的細菌卻像雜草一樣，非常容易在這些地方生長，甚至擴展到鄰近的地方，造成感染，或演變成蜂窩性組織炎。

HOW TO DO

➕ Step1. 清洗

　　第一步，先用煮沸過的開水、或藥局可以買得到的生理食鹽水沖洗，如果有卡沙礫或髒污，應該用乾淨的紗布搓洗傷口的表面，把這些沙子刷洗掉，消滅細菌生長的基地（像機車犁田的傷口，因為與地面磨擦，有卡沙子，如果沒有清除這些惱人的小沙礫，幾乎都是感染的票房保證）。

　　用乾淨的水沖洗，這樣可以**大量的沖淡藏身在傷口表面的細菌數目**，細菌每天都可以由一隻繁衍成多隻，但只要起始的數量少，就不容易繁殖到可以危害的數量。

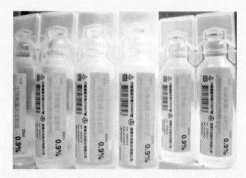

無菌的生理食鹽水，完整的沖洗傷口，可以減少感染的機會

➕ Step2. 上藥包紮

　　第二步，使用優碘或是殺菌藥膏塗抹傷口，如果是使用優碘，要**靜待乾燥**，再用乾淨的紗布把傷口包紮起來。

　　過去認為在沒有塵土飛揚的室內，並不一定需要包覆，可以讓傷口通風乾燥，但是這樣的觀念在近年來卻**大幅修正**。因為研究顯示，細胞需要保留水分，潮濕的傷口（使用藥膏或是人工皮）會讓傷口好得快，所以建議傷口在消毒後最好要**適當包紮，讓傷口保溼，加快復元的速度**。

　　許多人都會擔心包紮之後，頭幾天要換藥時拿掉紗布錐心泣血的疼痛，而且常常都會拉得皮開肉綻、鮮血直流，這時可以使用**抗菌軟膏**，因為軟膏的**含水量較高**，不像優碘一樣，乾掉了、混著凝固的血馬上緊緊的黏在傷口上。如果是使用優碘，在撕開紗布時可以**用清水先沾濕傷口**，再由四周往內一部分一部分的拉開紗布。

　　更聰明的方法是使用醫療器材行都有售的**人工皮**，不需要醫生處方箋，只要**不會過敏、沒有持續的滲液或出血**，幾乎可以適用所有剛發生的傷口，包含擦傷、撕裂傷、開刀後的傷口、燒燙傷等等。但是**使用人工皮前，傷口一定要經過完整的清潔與消毒**，否則覆蓋在人工皮下，**感染的機會則大幅增高**！

　　保濕的人工皮有濕潤的凝膠不會黏住傷口，阻隔飛絮和塵土沾附到傷口上，也可以促進傷口組織的生長，又能防水，避免洗澡、工作或不小心時弄濕傷口，是近年來照顧傷口的利器。

適當包紮換藥，讓傷口保濕

 注意事項

- 如果是**臉部的傷口**，**避免使用優碘換藥**，因為含碘的消毒藥物會造成傷口的色素沉著，讓疤痕變明顯，最好使用抗菌的藥膏。
- 如果無法徹底清洗乾淨傷口，最好**先觀察 2 ～ 3 日**，等確定傷口沒有感染以後，再使用人工皮！

➕ Step3. 冰敷

第三步，在包紮好的傷口上，透過局部的冰敷，可以減少發炎的情況，減輕腫脹的疼痛。

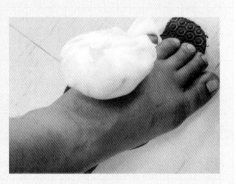

冰敷的目的就是要讓傷口的周圍有低溫的環境，最基本的情況就是用裝冰塊水的塑膠袋，再用毛巾包覆，然後敷在傷口上，**每次 20 分鐘，休息 10 分鐘，越多次越好**，直到傷口不再紅腫或發燙為止。冰敷的塑膠袋也可用夾鍊袋，如果不冰了，就丟回冰庫裡重覆使用。

➕ Step4. 觀察

第四步，保持傷口的清潔，每天都用清水或生理食鹽水清洗過傷口，再上藥。

如果只是上藥，沒有清潔傷口，殺菌的藥物一層乾了又上另一層，一層一層刷油漆一樣蓋上去，新的藥物就沒辦法很好的滲入傷口殺菌，換藥的成效也打了折扣，所以換藥前清洗後再換藥。如果不小心弄髒了傷口，一樣清洗過以後，重新上藥，直到傷口癒合為止。

認真的觀察傷口紅腫的範圍，如果持續的紅、熱、腫、痛超過 3 天，或是發紅的範圍超過傷口的範圍，擴展到傷口周圍的地方，甚至發燒，這就是蜂窩性組織炎的跡象，需要到一般外科或是整型外科的門診治療；如果高燒、或是蜂窩性組織炎的範圍進展快速，就要掛急診了（細節請參考 P82「蜂窩性組織炎」）。

♥ 什麼時候該去急診室？

受傷之後，產生症狀的速度越快，就必須越早就醫。尤其是**數小時內產生發燒、畏寒、蜂窩性組織炎**（發紅發燙的範圍面積超過 10 公分），或是出現血泡（內容物是殷紅色的血水）、**發紫或發黑**，需要立刻就醫。

如果看過醫生，在吃口服抗生素的情況下，仍持續發燒，發紅發燙的紅疹有持續擴大的跡象，在 10 小時內紅疹範圍的直徑超過 10 公分，或產生水泡或血泡、發紫或發黑，也必須前往急診室重新評估。

♥ 在急診會如何治療？

如果因為傷口感染惡化，造成蜂窩性組織炎，急診室會重新清潔傷口，除去卡在傷口上可以移除的髒污，開立口服的抗生素，並且安排 2～3 天之內的感染科、一般外科、或整形外科的回診，追蹤感染惡化的情況。

如果產生發燒、畏寒，或是蜂窩性組織炎的範圍太大、進展很快，或是形成膿包的話，就會由醫師評估，是否住院打抗生素的針劑治療，需不需要會診外科醫師開刀清理創傷。

♥ 預防的方法

受傷後，注意破傷風疫苗效期是不是在 **10 年之內**（請參考 P67「為什麼受傷要打破傷風？」）。如果

不確定時間或是超過，需要就醫接種破傷風疫苗。

除了有沒有藥物過敏史，孕齡女性有沒有懷孕之外，這些產生發炎、感染的傷口有沒有下列的情況：

① 有沒有免疫力差的情況，如癌症、使用類固醇、糖尿病、肝病、腎臟病？

② 傷口是**如何造成的呢？**是擦傷、挫傷、切割傷、開刀後產生的？是被貓咬傷？揮拳打向人臉後受傷？被噴槍噴到受傷？在海邊玩不小心受傷？被魚鉤刺到？

③ 如果是刀傷，這刀子平常是用來切什麼東西的？尤其是切水產、海產，特別必須說明。

④ 最近**一週內有沒有就醫或是吃抗生素**？

什麼事情必須做？

① 傷口如果有發燙、發腫的情況，請多加冰敷，**每次 20 分鐘接著休息 10 分鐘**，不需要出力去壓傷口，只要覆在傷口周圍，讓發炎的部位處在較低溫的環境下，就能減輕發炎的程度。

② 盡量減少移動受傷的地方，如果是在腳部，在傷口復元前少走動。

③ 將受傷的地方抬高到**超過心臟的高度**，可以促進循環，減少腫脹。

④ 遵照醫師的建議用藥或回診。

什麼事情不該做？

① **48 小時內**，是上皮細胞慢慢移動到表皮破損地區的關鍵時刻，**盡量不要碰到水**，洗澡的時候要小心注意。

② 避免用煙草、草藥直接敷在傷口上，這些消毒不完全的東西，都可以把細菌帶進傷口裡，加重感染的情況。

③ 傷口在癒合的兩週內都可能發生搔癢的不適，避免直接去搔抓傷口，如果真的很癢的話，可以用冰敷、或是按摩傷口旁邊的地方，轉移難耐的搔癢感。

建議回診科別

一般外科、整形外科、感染科

Q 如何使用人工皮？

一樣依照傷口照護的步驟清理傷口、換藥後，把人工皮適當的裁剪，到能夠**完整的覆蓋傷口、邊緣保留 0.2 公分距離的大小**，先拉開中間的部分，覆在傷口的中心部分，然後把膠膜往左右兩邊撕開，就像貼 OK 繃一樣黏貼即可。

如果人工皮變得不像一開始使用那樣透明，表示吸收滲液的能力已經飽和，就需要**更換新的人工皮**，這在傷口照顧的早期，因為**滲出液較多，通常會需要比較頻繁的更換**，等到傷口穩定，人工皮維持的時間就可以拉長。

更換時同樣以傷口照顧的四個步驟，從清洗、上藥開始，再換上新的人工皮。**必須隨時注意傷口有沒有感染跡象，如果感染就不適合使用人工皮！**

Q 什麼樣的情況下不能使用人工皮？？

如果傷口**已經感染**，有**發炎、化膿、分泌物持續而量多時，不應該**使用人工皮；如果**太深的傷口、無法止血、骨頭露出**，也**不應該**使用人工皮；如果過去會對人工皮過敏，也不應該使用人工皮。如果對細節有疑問，建議請教醫師，由醫師評估過傷口後再決定是否使用。

Q 傷口不包紮，讓傷口乾燥，直接與空氣接觸，會好的較快嗎？

根據近年的研究，**傷口要包紮，好得快！**如果讓傷口裸露在空氣中的話，因為傷口乾燥，反而快速結痂，阻礙重生的皮膚把髒東西推擠出去。

讓傷口成長最好的環境，是比較**潮濕封閉**的環境，這會讓表皮細胞移動的速度加快，所以傷口照顧無論在室內室外，都建議**包紮保濕，避免傷口直接與乾燥的空氣接觸**。

一句重點

最新觀念是傷口換藥後「**要**」包紮，保持傷口濕潤的環境！

傷口的處理要點

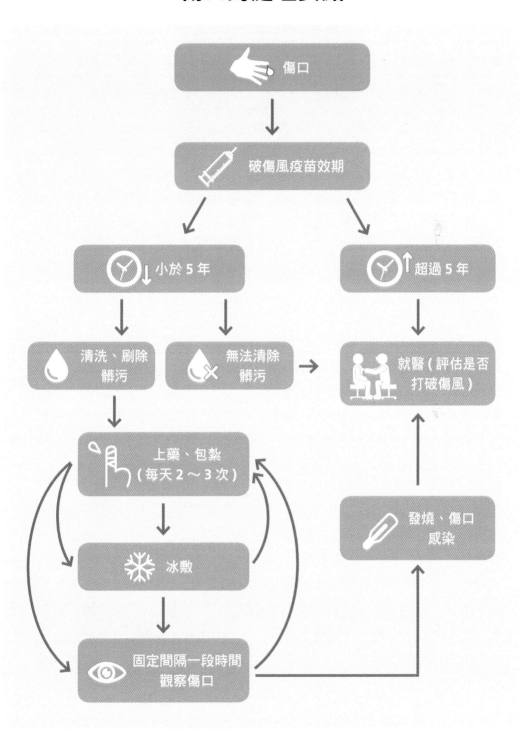

傷口

破傷風疫苗效期

小於 5 年

超過 5 年

清洗、刷除髒污

無法清除髒污

就醫（評估是否打破傷風）

上藥、包紮（每天 2～3 次）

冰敷

固定間隔一段時間觀察傷口

發燒、傷口感染

蜂窩性組織炎

　　診間裡，一個斯文的阿伯神色憂愁的不發一語，掛號完坐上看診椅，就伸出雙手的一對姆指。既然素昧平生，我當然知道阿伯掛號可不是為了稱讚我，現在又不是選舉期間，看起來也不像有政黨色彩來拉票的。

　　但是阿伯左邊的大姆指，就像一度讚嚕呷嚕讚一樣，腫成其他手指的兩倍大。「醫生醫生，我是蜂窩性組織炎吧？」阿伯終於說出了自己的憂慮，並且表明自己還有糖尿病。

　　在法國的細菌學家巴斯德證實細菌可以致病以前，人們始終深信自己是上帝眷顧的一群，並不知道自己所處的世界，其實處處充滿著肉眼看不到的危機，只是健康的身體有保護自己的能力，所以我們「還沒」生病。

　　健康的時候，我們像是銅牆鐵壁的武士，卻沒想過，只要維持健康的機制失靈，比螞蟻還微小的微生物就可以輕易粉碎我們的猖狂。就連只是妝點於外的皮膚，不過就是兩吋厚，其實每一分每一秒都在保護我們，像是一道與生俱來的盔甲，阻絕細菌進到身體裡。

❤️ 什麼是蜂窩性組織炎？

蜂窩性組織炎，由於新聞的傳唱，已經變成許多就醫民眾可以琅琅上口的醫學名詞。

這個拗口的名詞真夠嚇人的，組織發炎爛到變成蜂窩樣？那肯定是很慘烈的了。但實際上，蜂窩性組織炎指的卻是皮下密密麻麻排列在一起的細胞，因為感染發炎，在顯微鏡下變成像蜂窩一樣腫脹飽滿。

蜂窩性組織炎拖久了，小病可以變大病，尤其對免疫力不佳的病人，甚至有生命危險，不可不慎。

❤️ 成因

細菌入侵到皮膚裡，造成皮膚和皮下組織感染，通常代表皮膚有傷口，譬如車禍擦傷、切割傷、熱水燙傷等，有時甚至傷口太細微，不見得可以找到細菌入侵的地方。

除了皮膚屏障的失效外，人的免疫力低下，如年紀大、糖尿病、使用類固醇、肝腎疾病、愛滋病，長期水腫、淋巴水腫，同樣的傷口就比較容易會發生感染。

❤️ 怎麼處理？

HOW TO DO

如果有傷口，傷口發炎時，傷口處本來就會有紅熱腫痛的過程，但是**一旦紅疹擴張到超過原本傷口的範圍**，摸起來硬硬腫腫的而且發燙，看起來亮亮拋拋的，就要考慮是不是產生蜂窩性組織炎。

首先將傷口仔細消毒、換藥。紅腫的範圍上冰敷，就診整形外科、一般外科、感染科門診，請醫生評估。如有嚴重的情況，考慮至急診室就醫。盡早去除感染範圍遠端的束縛物，如戒指、手環、手鐲等等。

❤️‍🩹 怎樣算嚴重？

蜂窩性組織炎一旦發生了，需盡早治療。如果合併有**發燒、畏寒**；或是紅腫刺痛的面積大，**超過 10 公分或手掌寬**；或**進展快速，10 小時內就超過 10 公分**（可以使用防水的筆做記號）；產生**水泡**甚至是**血泡**（殷紅色的血水）；或是頭頸部的蜂窩性組織炎，產生**呼吸困難**，都是嚴重的情況，需要醫師評估。

在有**肝病、腎臟功能不良、癌症、糖尿病、服用類固醇，或是免疫低下**的情況，儘管範圍不大，都應該當成嚴重的感染。

海洋創傷弧菌的奪命感染

對免疫功能不佳的人而言，如果吃到沒煮熟的生猛海產（生魚片、生蠔）或是**被礁石刮到、被釣過魚的魚鉤勾到、被螃蟹夾到、被蝦子刺到**，都可能染上嚴重的**海洋創傷弧菌**，引起敗血症、或跟海產一樣「生猛」的蜂窩性組織炎，醫生稱作「壞死性筋膜炎」，死亡率很高，可能幾天就會致命，一定要小心處理，如果紅疹擴大的**速度很快**，或是感覺不舒服，應該要盡快就醫處理。

❤️‍🩹 什麼時候該去急診室？

產生症狀的速度越快，就必須越早就醫。尤其是數小時內產生發燒、畏寒、蜂窩性組織炎的紅疹（發紅發燙的那塊範圍）面積超過 10 公分，或是出現血泡（內容物是殷紅色的血水），需要立刻就醫。

如果已經看過醫生，在吃口服抗生素的情況下，仍持續發燒，發紅發燙的紅疹範圍 10 小時內直徑就超過 10 公分，或產生水泡或血泡，也應該回到急診室評估。

❤️ 在急診會如何治療？

如果蜂窩性組織炎的病情穩定，沒有發燒，也沒有免疫力低下的病史，醫生會清潔傷口、換藥，診視傷口有沒有化膿，如果膿可以透過切開的方式，讓膿更容易排出，就安排手術，並使用口服的抗生素治療，通常至少要吃藥 5～7 天，再視情況回門診繼續療程。

如果是嚴重的情況，由醫師評估是否需要住院、打針劑的抗生素，如果形成膿包（膿瘍），或是懷疑更嚴重、死亡率很高的「壞死性筋膜炎」，急診醫師則會診外科醫師手術開刀清潔傷口。

❤️ 就診時的注意事項

主動告知藥物過敏史（尤其是抗生素）、孕齡女性是否懷孕之外：

① 告知醫生發生的**天數**、傷口形成的**原因**（螃蟹刺到、去海邊玩受傷、小狗咬到、排氣管燙到）、**經過什麼樣的處理**（打破傷風疫苗、看過診所有吃藥等等）。

② 有沒有發燒、畏寒、發抖。

③ 如果是在**海邊受傷**（擦撞到礁石）、被切魚或是海產用的刀子割到、抓魚被刺到或是被螃蟹夾到等，會影響到治療的處理，使用的抗生素可能不同，應該主動告知醫師。

④ 有沒有糖尿病、吃類固醇（如氣喘病人）、癌症（電療或化療）、愛滋病、肝腎疾病、自體免疫疾病（如：紅斑性狼瘡）。

⑤ 紅腫範圍進展的速度有多快（可以用防水筆把紅腫的範圍畫起來，間隔一段時間再比較，就可以看得出進展的速度；或是在紅腫的地方用尺或是銅板當做對照的基準，先用相機或手機照下來，然後相隔一段時間後，再照一張相比較，感染紅腫進展的速度就可以明顯被觀察到，就診時提供給醫師參考）。

什麼事情必須做？

1. 盡早就醫，每次換藥前用肥皂洗手，傷口用生理食鹽水仔細清潔後，用優碘上藥、依照醫師的囑咐完整的吃完整個療程的藥物、冰敷（每次冰敷 20 分鐘並休息 10 分鐘，越多次越好，可以減輕腫脹和疼痛）。

2. 抬高患肢到高於心臟的高度，可以促進淋巴回流，減少腫脹。

3. 如果蜂窩性組織炎發生在腳，盡量減少走動，可以避免腫脹和發炎惡化。

4. 隨時觀察傷口變化，如果演變成蜂窩性組織炎，盡早就醫治療。

5. 糖尿病病人必須好好控制血糖，感染才容易控制。

6. 飲食上多補充維生素和蛋白質，生活作息要正常，免疫力才會好。

什麼事情不該做？

1. 自行停止服用抗生素，過早的停用可能還沒治療完全，讓細菌有死灰復燃、毒性更強的機會。

2. 在傷口上自行塗煙灰、草藥，可能造成傷口感染更嚴重。

3. 不要搔抓傷口，指甲總是免不了藏污納垢，可以用冰敷來止癢。

4. 熱敷會讓傷口更腫、發炎更嚴重。

5. 避免飲酒、抽煙、熬夜。

6. 不可以使用人工皮。

💗 預防的方法

① 平時即注意個人衛生與清潔，生活作息正常、多運動，是提升免疫力的重要法則。

② 如果有香港腳或富貴手，即早治療。

③ 在受傷時即刻用清水和肥皂清洗傷口，傷口仔細照護（請參考P73「傷口的照護心法」）。

④ 糖尿病病人平時即配合醫生控制血糖，可以降低感染的機會。

⑤ 有傷口或是感覺皮膚癢，不要直接用手去搔或摳，就容易破皮把細菌帶進皮膚裡。

⑥ 在天氣乾冷的時候，應該注重保溼，避免皮膚乾裂，不要讓細菌有機可乘。

❗ 蜂窩性組織炎與過敏

蜂窩性組織炎會「紅熱脹痛」，過敏也會「紅熱腫」，但卻是癢；而且過敏對冰敷會戲劇化的消腫，退了又發，發了又退，不像蜂窩性組織炎會持續進展。

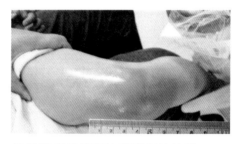

紅熱腫痛是蜂窩性組織炎的特徵

💗 建議回診科別

整形外科、感染科、一般外科

Q 蜂窩性組織炎會不會傳染？

　　蜂窩性組織炎是因為自身的皮膚有傷口或免疫力不好，不會因為碰觸到傷口或是接近蜂窩性組織炎的病人得到感染。

Q 要怎麼預防蜂窩性組織炎？

　　皮膚就像是一道無形的盔甲，隨時幫我們抵禦細菌的入侵，平常就要維持皮膚的清潔乾淨，如果有破損，出現傷口，就該好好照顧。除了清洗卡在皮膚上的髒污，定時換藥，如果出現感染跡象，就該就醫治療，免疫力不好的人更要特別小心。

　　皮膚乾燥的人要注意保濕，如果買不起昂貴的保養品，凡士林就能提供很好的保濕效果；另外，如果有腿部水腫的人，平常就要多按摩、抬高腿部，配合醫師治療。

　　香港腳很容易得到，卻不容易斷根，常常是蜂窩性組織炎的原兇，必須要耐心治療。糖尿病病人要積極的控制血糖，長時間的血糖居高不下，會造成血管病變，讓腳的組織壞死，就可能必須一步一步的截肢，為了自己也為了家人，這都是一種責任！

撞傷、挫傷

親愛的小紅帽，現在的你，年紀小，對外面的世界充滿好奇，就像一台橫衝直撞的坦克，不顧一切的往前衝，跌倒、撞到頭就像是家常便飯，但爸爸鮮少急切的跑過去，把你抱起來，像侍奉小神明一樣，用袖口擦擦你膝蓋、臉頰上的髒污，然後痛心疾首的抱著你痛哭。

爸爸通常只會屏息以待，仔細觀察一下你落地碰撞的過程，評估力道和傷勢，如果沒有大礙，老爸儘管內心波濤洶湧，還是會故作平靜的說：「**跌倒自己爬起來！**」

請原諒爸爸職業病的狠心，但是人的一生，逆境、撞傷、挫傷幾乎就像是文章裡的逗點，沒有一篇精彩絕倫的文章可以不靠逗點就能完成的。

小的時候，我們學步，跌得灰頭土臉；年輕的時候更可怕，我們催著油門橫衝直撞，下雨時犂田的犂田，即使風和日麗，下一秒隔壁碰巧打開的車門就讓你元神出竅，直接在空中轉體 360 度；等到我們老了，枯殘的身體卻早已跟不上意念的飛躍。從小到大，從大到老，我們在這輩子裡，一次次的溫習那些錐心刺骨的疼痛。

碰撞之後，挫傷的地方常常就會腫起一丸，過了幾個小時到幾天之後，變成一圈黑輪，在醫學的術語上就稱為「**挫傷**」。在挫傷後，很多病人總是會滿懷疑惑：「為什麼會越來越腫？」「為什麼撞到這邊，黑輪的地方會在旁邊沒撞到的地方也有？」

如果我們把撞到的地方放大，直接「唰」一聲，整個橫斷面的切開來，其實會像一塊美味的蛋糕或是提拉米蘇一樣，由一層一層的細胞和組織堆疊出來。

在受到撞擊和擠壓之後，首先爆漿的是在**皮膚下面的微血管出血**，所以馬上腫成一丸，如果是血管供應越豐富的地方，這種戲劇性的變化也就會越明顯，譬如說嘴唇、頭皮等等；或是撞擊的力道很大，造成肌肉和骨頭的出血（骨折），這些腫脹就會以驚人的速度變大。

但是挫傷的地方，除了皮膚下明顯的血腫之外，乍看之下好像沒什麼差別，但是隨著時間的推移，受到撞擊擠壓變形的細胞，在接下來的 **48 ～ 72 小時**之內，就會開始破裂、死亡，引起**發炎、更加腫脹**。

經過幾個小時到幾天的時間後，這些在皮膚下面蟄伏的血腫就會開始被分解，紅血球的色素被分解成更小的單位，這些單位因為成分的不同有的青、有的紫、有的黃，所以形成我們看到的**瘀青**（黑輪）。

撞擊後腫一丸的地方，總讓人看不順眼，卯起來想把它揉平，或是找人推拿，甚至想到熱敷來消腫。

但是受到撞擊地方的橫切面，撞擊造成的微血管破裂出血，堆積在皮膚下面，形成腫脹，所以當我們肆無忌憚的揉，這些被止住的微血管又會被擠破，**造成新一波的出血**；而那些原本看起來正常，卻準備凋零的細胞，也會因為揉和推拿加速破壞和發炎；至於熱敷，更是挫傷早期的大忌，不只讓微血管血流成河，也讓發炎更加兇猛。

不用幾個小時，在手上的挫傷就會養成小叮噹猜拳老是出石頭的手；在腳上的挫傷也應聲長成米龜。所以對於剛發生的外傷，請記得一句老話：「**急痛不能揉！**」

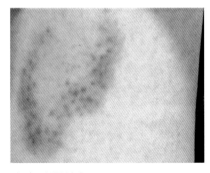

瘀青（黑輪）

💗 怎麼處理？

　　挫傷後如果把天數當成橫軸，**腫脹的程度當作縱軸**，可以畫成一張像是山坡一樣的圖表，圖中顯示就是一般撞到受傷後的 48 ～ 72 小時是腫脹的高峰，經過幾天的時間慢慢消腫。

　　如果在這時候**推拿或是熱敷**，就會**增加腫脹的程度**，讓腫脹更快更明顯，當然要**消腫的時間就更拉長**；但是如果**即早多次好好冰敷、休息、抬高**，就會讓峰尖變小，等到**過了發腫的高峰**，配合熱敷，就能讓腫脹快速消除。

　　所以當受傷的人搗著發腫的地方，面有愁容的看著我的時候，身為急診醫師總是殘忍的警告他們說：「兩天內要好好冰敷喔，**現在還不是最腫的，明後天還會越來越腫！**」因為從以下的圖表就可以看出來，在**第 2 ～ 3 天才是腫脹最顯著的時間點**。

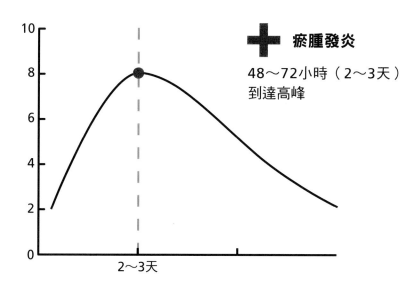

瘀腫發炎

48～72小時（2～3天）
到達高峰

2～3天

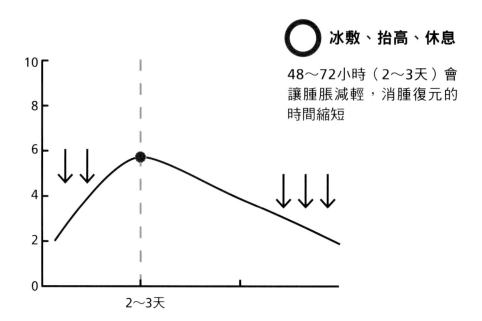

冰敷、抬高、休息

48～72小時（2～3天）會讓腫脹減輕，消腫復元的時間縮短

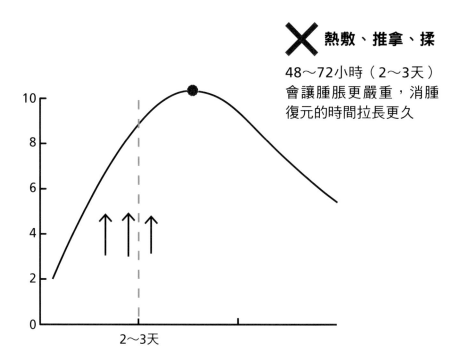

熱敷、推拿、揉

48～72小時（2～3天）會讓腫脹更嚴重，消腫復元的時間拉長更久

🩹 冰敷

　　冰敷**每次 20 分鐘並且休息 10 分鐘，48 小時內越多次越好**，越早開始越好，頭一天多次的冰敷特別重要。

　　前 48 小時，每天至少冰敷 3 ～ 4 次，每次 20 分鐘。最主要是要讓挫傷的地方處在**低溫的環境裡，讓微血管收縮，減少出血量，減少發炎的程度**，但是要避免凍傷，所以冰敷 20 分鐘後要**休息 10 分鐘**。

　　剛開始冰敷時，可以稍微出力，壓在腫脹的地方，但是施力的方向是**垂直的**，不要往左往右的揉或擰。

　　冰敷時，最好**拉開冰敷區域的肌肉**，譬如說小腿肚要冰敷，就把腳趾頭往膝蓋扳，讓小腿肚的肌肉拉緊；如果是要冰敷大腿，就把膝蓋彎曲，盡量把小腿往屁股收，就可以拉緊大腿的肌肉。**拉緊的肌肉也可以幫助止血，減少腫脹。**

冰敷、熱敷的時機

冰敷	熱敷
避免更加腫脹	去瘀消腫
多休息　勿推拿 抬高傷處避免使用（走動）	腫脹難消　活動困難 超過一周→骨科回診

48～72小時

48 ～ 72 小時內冰敷，腫脹停止後再開始熱敷，超過 5 天的活動困難或腫脹不消，也要回骨科門診追蹤

有時候不小心再撞到同一個地方，或是挫傷的地方還越來越腫，就應該繼續冰敷，直到腫脹的情況停止為止，**一般需要 48～72 小時的時間**。當腫脹和發炎告一段落，通常在**受傷後經過 72 小時**，沒有繼續腫脹的跡象，這時**才是熱敷消腫的時機**。

自製冰敷袋

簡易的冰敷袋就是用塑膠袋包住冰塊水，外面再裹一層毛巾，用坊間的冰寶或冰敷袋也可以，但是不要直接冰鎮在皮膚上，要隔一層毛巾或是紗布，才不會凍傷。

休息，減少移動

在手部的挫傷要**避免拿重物**，在腳部就要**減少走動**，因為出力或是過度使用這些地方，都會讓血流增加，增加腫脹和發炎。

抬高傷處

盡可能抬高傷處到高於心臟的高度，這可以減少血流集中；坐下時用椅子或物品把受傷的地方抬高，或在睡覺時用枕頭把傷處墊高。

什麼時候該去急診室？

挫傷造成的血腫，如果是在喉頭、頸部或是口腔這些要命的地方會壓迫到呼吸；或是在手臂、小腿肚太腫，會影響到遠端血液的流通，需要緊急的就醫處理。

如果本身沒有血友病、使用抗凝血的藥物或是凝血功能的問題，也沒有錯誤的處置（熱敷、推拿），但是異常腫脹時，代表撞擊的力道很大，這時候要考量的**是有沒有骨折或肌肉的撕裂傷**，也需要由專業的醫師評估是否進一步檢查。

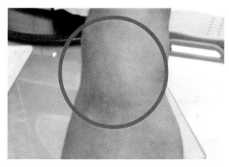

異常腫脹要由醫生評估是否骨折

在急診會如何治療？

急診醫師會問**發生的過程**，發生的**時間相隔多久**，評估**功能上**是否完全，如果有需要，考慮 X 光片檢查骨頭或是其他進一步的評估。

注意事項

盡早開始冰敷，也可以使用彈性繃帶做局部的壓迫，但是鬆緊度要適當，太鬆沒有效果，太緊如果會造成麻痛感也不可以，**至少要可以輕易塞入 2～3 根手指頭**，才不會過緊。

如果**持續腫脹**，或是**超過 5 天以上**，還**無法正常的活動**，應該至**骨科回診**，評估是否有**骨頭、韌帶或肌腱**的傷害。

❤️ 就診時的注意事項

① 因為醫師通常會開立消炎止痛藥，如果有相關藥物的過敏，或是孕齡女性有懷孕的可能，都應該主動告知（尤其是需要安排 X 光片檢查時）。

② 如果有血友病、凝血功能問題、吃抗凝血藥物、或是有肝腎功能問題、或癌症，可能影響到凝血功能，需要主動告知醫師。

什麼事情必須做？

① 在受傷後的 **48 ～ 72 小時內**，多次的冰敷，是減少腫脹的不二法門。

② **多休息，避免活動**；如果是在腿、腳部分要盡量減少走動和站立。

③ 抬高受傷的地方到**高於心臟的位置**。

④ 小心避免再次受傷，再次受傷是挫傷難以恢復的重要原因。

⑤ 在 72 小時後，如果腫脹的感覺有消減，沒有持續腫大，可以熱敷，熱敷能促進循環，加快血腫的吸收，讓腫脹消除加快。

⑥ 如果是**大腿**的挫傷，彎曲膝蓋，盡可能夾緊膝蓋。

⑦ 如果是**小腿肚**的挫傷，拿東西墊起腳前端，像是拉筋一樣，稍微拉開小腿肚的肌肉。

⑧ 清淡飲食為原則，避免吃油炸的食物，**少吃辛辣、刺激的食物**。

⑨ 如有服用抗凝血的藥物，最好請教你的主治醫師是否需調整或減量。

什麼事情不該做？

不要在剛受傷的 **3 天之內用力揉或是推拿**,也不要熱敷,熱敷要在腫脹和發炎的勢頭停止後,通常要 3 天以後才比較適合熱敷。

熱敷的方式

可以用熱毛巾或是暖暖包,但暖暖包熱敷太久也會燙傷,最好是隔層毛巾,熱敷 20 分鐘,一天 2 ～ 3 次即可。

💜 建議回診科別

骨科、復健科

一句重點

急痛不能揉,48 ～ 72 小時內要多冰敷,超過一週的活動困難,要回診骨科。

燙傷

時間是傍晚 7 點，救護車在醫院前「唰」地一聲甩尾，「砰」地一聲放下來一個 17 歲的傷患，在地獄中慘烈的嚎叫。護士小姐一看不妙，整件褲子上面都是黏呼呼的東西，好像還看到木耳、紅蘿蔔、筍絲，還有很多看不出所以然的東西，趕快推進診間裡。

就在這時候，一個面色凝重的中年男性，像是被人重創了下體，走路像七爺八爺那麼開、那麼有風，碰巧也掛了號，舉步維艱的走進診間。因為護士還在幫 17 歲的底迪剪牛仔褲，於是我先叫了中年男性進來，問起來竟然也是燙傷？

「被熱湯潑到。」中年男子冷汗直流，雖然鎮定，但是一聽到這個主訴，同樣身為男性的我，不禁打了一個冷顫。

就在此時，護士小姐因為 17 歲底迪已經在病床上瘋狂的問候別人爹娘，所以趕我去看，離開前我注意到中年男子聽到底迪怒罵的聲音，突然臉色一沉。

在 17 歲底迪的病床邊又是另一番景象，他的牛仔褲直到急診室才被剪掉、還冒著白煙，上面盡是……，嗯，聞出謎底的我忍不住自言自語：「酸‧辣‧湯。」

故事的結果跟我猜測的差不多，兩個人在餃子店相互口角，剛好水餃都吃完了，出來吃飯手邊也沒抄傢伙，拿起酸辣湯就互潑在對方身上，偏偏都是坐著，上半身閃得開，下半身順著桌緣就吸滿湯汁，兩人一邊互不相讓的嗆聲，一邊用身體「深切地」享受熱湯酸酸辣辣的感覺。

記得在我小時候，中華民國燙傷基金會一首「被火紋身的小孩」，打響了燙傷後處理的五個步驟：「**沖脫泡蓋送**」。燙傷是每個人一生中都會遇到的事，耳熟能詳的五步驟一般大眾都能倒背如流。

然而急診室裡，看過的錯誤仍然五花八門，有的傷口沾著白白的膏狀物，有的把燙傷的手指插在冰塊裡，像講究口感的饕家，燙熟以後還要冰鎮。根據筆者不負責的統計，台灣人最愛用卻沒有療效的燙傷靈藥，牙膏第一，而且都認明黑人的才有效？！第二名是小護士、第三名是菜市場賣的白藥膏。

原來大家只熟記了五字訣，但究竟要沖多久？送醫重要還是先沖水？遺忘的細節總讓燙傷變嚴重的歷史一再重演。

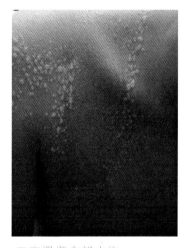

二度燙傷會起水泡

HOW TO DO

🔳 沖→沖水時間要夠久

其實五個口訣心法裡，**最重要的就是一個——「沖」**！衝來急診室最主要的目的，除了大面積燒燙傷、影響到呼吸和意識的傷患需要急救之外，主要的目的，是超過 10 年效期的人需要重新**施打破傷風疫苗**，然後敷上殺菌的藥膏。

但是這些事都不比在現場用**流動、乾淨的自來水沖洗**來得急迫！要沖多久？**至少沖 20 ～ 30 分鐘！直到刺痛火辣的感覺改善為止**。燙傷的物質，不管是油或是水，在沒有充分時間沖水的情況下，就會**殘留在組織裡**，一層一層的往皮膚更深層的地方破壞下去！

在舟車奔波的時候，傷處經過時間的拖延，原本輕微的燙傷，燙傷的深度就會更深，造成更嚴重的傷害！甚至有留疤的機會！等到了急診室，原本最輕微的一度燙傷，拿來一看已經冒泡，變成二度燙傷。

沖水的重要性，就是為了**迅速降低這些高溫殘留的時間，讓傷害的程度減到最低**，復元所需、或是疼痛的時間就變短。室溫的自來水最容易取得，可以**持續中和高溫的荼害**。

對於小範圍燙傷的病人，急診室能提供的處置**並不急迫**，所有沒有充分沖水（沖到不感覺發燙）的患者，掛完號後都會**先直接被帶去沖水**，等到沖水這件最重要的事情做完後，打破傷風或是換燙傷藥膏，晚幾個小時都不會有影響。

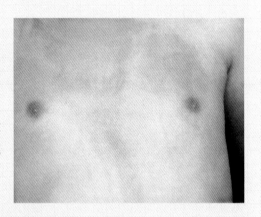

🧰 脫→
1. 把沾染熱度的衣物通通脫掉 2. 立刻除去燙傷處的戒指和手環

下一個口訣「脫」，目的就是讓沾上熱水、殘留熱油等高溫物質的衣服快點除去，避免持續的熱源，造成更嚴重的破壞，以故事裡 17 歲的苦主為例，因為不易除去的牛仔褲，在大庭廣眾下又不方便脫，他的胯下在燙傷後又悲慘的「悶燒」了一陣，更增加燙傷的嚴重度。

另一個要注意的地方，就是**受熱會膨脹的金屬**，包含金屬的**手錶、戒指、手鐲或項鍊、腳鍊、皮帶、鞋子**等，一方面這些東西容易導熱，一方面如果在飾品遠端燙傷造成腫脹，這些環狀物就會嵌住血流，讓腫脹更趨嚴重，也讓這些環狀物更難被取下，所以要盡快把這些東西拿下來。

🩹 泡蓋送

「泡、蓋、送」，講的是像手指可以泡在清水的部位就浸在盛水容器裡，如果不能泡的身體就用沾清水的毛巾或紗布覆蓋，繼續中和局部的溫度，然後送到急診室來。

小面積、表淺的燙傷，譬如說不小心碰到鍋緣的燙傷，如果破傷風是在 10 年的有效期內，是可以在家自行處理的：先充分沖水，直到刺痛感大幅消失，然後敷上抗菌藥膏。

但要注意，尤其是臉部，或是容易照到光的地方，使用優碘或碘酒容易造成黑色素沉澱，會讓燙傷處新生嬌嫩的皮膚變深變黑。另外，刺激性的**雙氧水也不合適**，最好是用含抗菌成分的藥膏，一方面可以減少換藥時黏住皮膚的不適，一方面減少感染的機會。

專用的燙傷藥膏通常含有磺胺類（sulfa drug）藥物的成分，如果對這種藥物過敏的人，須換用不含磺胺藥物的其他抗菌藥膏。另外，有**蠶豆症（G6PD）**的人、**孕婦**或**兒童**也最好**避免使用**。

❤️‍🩹 怎樣算嚴重？

🩹 分辨燙傷的深度層級

要分辨燙傷的深度不難，可以從顏色判定，但要隨時觀察變化，就像前文說的，殘留的高溫如果沒有完整去除前（沖水沖到不脹痛），都會持續造成更深的燙傷。

就像皮膚上塗了一層草莓果醬一樣，沒有起水泡，沒有傷口，但是很痛。

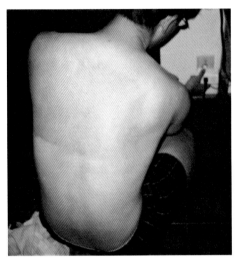

一度燙傷只有紅疹， 不起水泡

一度燙傷後的皮膚開始浮現水泡，水泡的內容物是黃色清澈的組織液，一樣很痛，水泡有時會超過 12 小時後才逐漸出現。

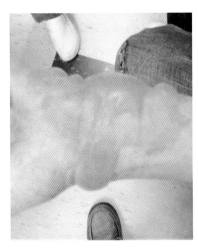
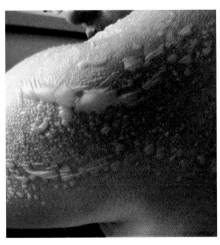

二度燙傷會起水泡

水泡流出的淡白色的組織液，暗紅的血泡代表燙傷深度深

✚ 三度燙傷（白紫黑）

可以看到焦黑或是因為缺血發紫的區域，也能看到在皮膚被燙蝕的凹陷處有黃黃的脂肪露出，甚至看到骨頭，因為**神經都燙死了**，所以**不會痛！**

➕ 需要就醫的情況

超過體表面積 3% 以上的燙傷，需要完整的衛教與換藥資訊，或是破傷風超過 5 年以上的效期，建議就診請醫師評估燙傷。

如果出現任何已經**泛白不會痛**的燙傷（深度太深），或有**嗆傷，燙到顏面、頸部、手腳關節、陰部**，需要立即送醫。

➕ 計算範圍

計算燙傷的範圍多大，就是以**被燙傷者的手掌**測量，**手掌相當於 1% 的體表面積，超過 3 個手掌大的面積，就需要就醫處理。**

➕ 大面積燙傷的危險

大面積燙傷最直接的問題，是保護身體的皮膚屏障破損，水分可能大量流失，造成身體血液的鈉、鉀離子**鹽分不平衡**，也可能在數日後，因為細菌入侵，造成**感染**。

💗 什麼時候該去急診室？

燙傷如果超過 3 個手掌大、或是有嗆到，燙到顏面、頸部、手腳關節、陰部就應該到急診室就診，由醫師評估治療，以及是否需要觀察或住院。

什麼事情必須做？

1. 如果燙傷面積不大，是一度或二度燙傷，在家裡**先充分沖水 20～30 分鐘再就醫**；如果是大面積或是深度的燙傷，短暫沖洗後以整件浸濕的被單或毛巾覆蓋，盡快送醫。

2. 如果有戴手錶、手環、手鐲、腳環或戒指等飾品，務必**即早摘下**。

3. 如果把老人或兒童泡在水缸裡，因為體溫調節能力比較差，要小心失溫。

4. 一般而言，水泡**不需要**特別刺破，但在關節處、或是平常很容易磨擦到的地方（手腕、手肘、屁股、腳、膝蓋）起水泡，因為這些地方的水泡，即使很小心，也難免無意間弄破，可以在碘酒充分消毒水泡表面後，用藥局買得到的針頭刮破水泡，用乾淨的紗布吸掉黃色的組織液。

什麼事情不該做？

1. **不要用**加了**冰塊**的冰水浸泡，反而會容易凍傷，室溫開水或自來水最理想。

2. 不要用牙膏、醬油或是其他未經消毒的草藥，容易造成傷口感染。

3. 「不要」在未經過消毒的情況下弄破水泡，容易造成感染。

4. 避免用優碘或刺激性的雙氧水處理燙傷，如果沒有過敏或禁忌，建議使用磺胺類的燙傷藥膏或溫和的抗菌藥膏（如 Bacitracin、Gentamycin、Erythromycin）換藥。

💓 就診時的注意事項

① 告知被**什麼樣的物質燙傷**：熱油、熱水等。發生的時間？

② 沖水的時間是否充分（20 ～ 30 分鐘）？

③ 注意破傷風的效期（如果不確定是否在有效期內，重覆施打一般不會有害處）。

④ 蠶豆症、孕婦或哺乳中婦女、藥物過敏史須主動告知醫師。

⑤ 有沒有**嗆到**？會不會**呼吸困難**？咳嗽痰裡有沒有碳粒？

💓 照護傷口的注意事項

本段說明是針對二度以下，小於 3 個手掌寬，可以自行在家處理的小範圍輕度燙傷

① 在急診室上好厚厚一層燙傷藥膏後，如果無法自行換藥，通常每**兩天回**到一般外科或整形外科換藥即可。在每次換藥時，**先用生理食鹽水洗掉之前的藥膏**，**觀察傷口有沒有紅熱腫痛的感染**症狀，再重新上藥。

塗抹燙傷藥膏前

② 使用燙傷藥膏時，塗抹的厚度在**0.3 ～ 0.5 公分左右**，厚度要**夠厚**，幾乎**完全看不到**底下燙傷的顏色為止，塗抹的**範圍最好超出 1 公分**，這樣可以形成完整的抗菌保護膜，最後再用大塊的紗布包覆起來，貼上膠帶後最好使用網套，可以固定敷料。

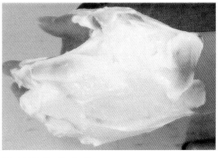
塗抹燙傷藥膏後

3 二度燙傷的傷口看深度，通常需要 **7 ～ 21 天**重新長出皮膚，新生的皮膚也比較嬌嫩，外出記得**做好防曬**。

4 如果要使用人工皮，因為人工皮有黏膠，在更換時容易撕破皮，一定要**先上好燙傷藥膏再使用**，使用前最好先請教醫師。

5 注意是否在燙傷範圍以外的地方產生蜂窩性組織炎的發紅、發燙，或是發燒的感染症狀！

注意事項

如果只是一度燙傷，只要自行擦藥局的燙傷藥膏或溫和的抗菌藥膏換藥即可，**48 小時內避免使用肥皂或是沐浴乳擦洗**，如果發癢，冰敷可以止癢，不要用手去抓容易感染。

💓 建議回診科別

皮膚科、整形外科、一般外科

一句重點

小面積燙傷，立刻用自來水沖 30 分鐘最重要！

Q 會不會留疤？

一度或是淺二度的燙傷，也就只是發紅、沒有起水泡（**一度**）；**淺二度**（產生清澈微黃水泡）的燙傷，因為深度較淺，只要傷口照顧得宜，**通常不會留疤**。

如果是皮膚呈現**白色**、**不會疼痛**或是出現**血色水泡**，就代表燙傷的深度**較深**，**通常會留下疤痕**，需要整形外科門診的持續追蹤。

Q 嬰兒、孕婦或哺乳婦女可使用磺胺類的燙傷藥膏嗎？

一般**不建議小於 1 歲的兒童、孕婦或哺乳中的婦女**使用含磺胺的燙傷藥膏，建議改用其他抗菌藥膏，如果有進一步的疑問，須請教醫師。

Q 水泡要不要刺破？

水泡不要自行弄破，因為破掉的水泡會產生細菌入侵的缺口，**增加感染**的機會。但**若在關節或是手腳容易被弄破的地方**，即使小心仍有意外弄破之虞，應該**充分消毒水泡表面後，用消毒的器具刺破水泡**。

身上著火的自救方法

- 停：停止移動，保持冷靜，不要奔跑，因為風會助長火勢。
- 躺：立即躺下，若手部沒著火，以手掩臉，就地臥倒。
- 滾：翻滾身體，或是用大塊布包住著火的地方滅火，或就近跳入水池或盛水容器。

燙傷處理要點

小面積燙傷
（小於 3 個手掌面積）

↓ (手掌面積以被燙傷者為準)

沖 立刻用自來水（室溫）
沖 20 ～ 30 分鐘
或疼痛明顯減輕為止

↓

脫 脫去沾到熱水、熱油的衣物
移除手環、手錶和戒指

↓

泡 手或腳可以泡在
裝有常溫水的容器裡

↓

蓋 沒辦法用泡的，用大被單
或毛巾打濕蓋上去

↓

送 打破傷風疫苗、
上藥

↓

2 天回診一次

動物咬傷

沈寂了五十多年，狂犬病又再次在台灣現蹤，經由媒體的報導，生活在台灣的人，只要在路上遭到惡狗攔路，被狗咬下去的當下，除了默默的承受疼痛之外，都會很認真的擔心一件事，「我會不會得到狂犬病」？

狂犬病的恐怖，是如此的深植人心，來到醫院，滿心期待的就是要打傳說中的狂犬病疫苗，但是聽聞醫生只處理傷口，打個搔不到癢處的破傷風疫苗，相信很多人都擔心，月圓之夜會控制不住潛藏在體內的獸慾，會牙齒發癢、像狼人一樣想咬人。

1959 年後，台灣地區經歷了半世紀免於狂犬病威脅的甜蜜歲月，所以**大部分的醫療院所，都沒有儲備狂犬病的疫苗**，因為不．需．要．使．用。

但在 2013 年 7 月，南投和雲林山地鄉突然出現**鼬獾感染狂犬病死亡**的案例，因此在**山地鄉**如果被**野生哺乳動物**（請參考 P116 的「FAQ 什麼動物會傳染狂犬病？」）或**無人飼養照顧的流浪貓狗咬傷**，必須到狂犬病的**儲備醫院**或**疾病管制局**，請醫師評估是否需要施打狂犬病疫苗或抗病毒的免疫球蛋白（請參考 P117 的「FAQ 我可以到哪邊施打狂犬病的預防疫苗呢？」）。

但如果是在平地被**有人飼養**的犬、貓或動物咬傷，最重要的還是要觀察傷口有沒有**感染**，而不是擔心自己有沒有得到狂犬病。

被**貓**咬傷，因為貓嘴裡的細菌比較毒，感染的機會相對比其他動物（如狗）咬傷要**高**，傷口的**照顧更要小心**。如果有化膿、發燒、或是傷口紅腫的地方擴散到鄰近的地方，就要小心蜂窩性組織炎。

另外，在被貓抓傷或咬傷後，要觀察有沒有在腋下、脖子、或是胯下（如果是腳被貓咬），出現突起的軟瘤，這可能是淋巴結的腫大，成因是因為貓抓或貓咬造成一種**特別的細菌**所感染（巴東體屬菌，Bartonella spp.），通常在抓傷或咬傷後 **1 ～ 2 週**形成淋巴腫。

🫀 成因

動物咬傷後造成傷口感染。

🫀 怎麼處理？

HOW TO DO

💊 Step1. 清潔

為了預防感染，立即的處理是立刻**沖自來水 15 分鐘**，然後徹頭徹尾**仔細的清洗傷口**，把傷口上的**細菌數量大幅降低**，將來感染的機會和程度也就隨之下降。

這道理就像很老梗的益智問題，湖裡的浮萍每天一顆會變兩顆，當浮萍長滿一半後，還要幾天可以長滿整個湖面？

沒錯，就是一天！細菌也是每隔幾個小時就會分裂，雖然不可能完全除掉可惡的細菌大軍，但是當下立刻用**肥皂和清水**（生理食鹽水，在一般的醫療器材行都買得到），**徹底的把傷口清洗乾淨**，就能大幅減少他們的數量，如此一來，在細菌數量成長到足夠引起感染前，白血球就能搶在前頭，徹底的擊敗他們。

Step2. 消毒

在每次用生理食鹽水清潔完傷口後，用優碘或是抗菌藥膏消毒（臉部要避免使用優碘）。

Step3. 止血

用紗布或毛巾直接在流血的傷口上加壓，讓傷口止血。如果傷口比較深，一開始的出血量就比較大，這時候快速沖洗後就要先**加壓止血**，等到血比較止住後，再進行清潔的步驟。

Step4. 送醫

就醫的目的，在於讓醫生評估有無需要注射**破傷風疫苗**、開始服用**抗生素**。太大的傷口，可能需要仔細清洗乾淨後縫合，但如果縫合太密，會怕感染的髒污留在傷口裡排不出去，**縫合的間隔必須比一般的傷口寬鬆**，才有利於膿和分泌物的排出。

♥ 怎樣算嚴重？

主要還是看傷口的大小和深度，通常來說，如果只是手腳的咬傷，不會有立即性的危險。

但是如果經過數個小時到數天的時間，在傷口**以外的地方**，出現了**紅、熱、腫、痛**的區域，就可能演變成**蜂窩性組織炎**，可能會**發燒**或是**畏寒**，如果出現發燒或是紅腫的地方蔓延快速，就需要就醫。

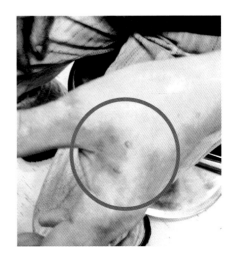

♥ 什麼時候該去急診室？

通常被動物咬傷都需要到急診或外科就診，評估傷口，再次的清洗傷口。如果**破傷風超過 5 年的效期**，就需要施打破傷風疫苗（因為動物咬傷是比較骯髒的傷口，所以超過 5 年就需要打破傷風疫苗）。另外視情況，可能會需要**開立口服的抗生素**。

如果是太大、太深的傷口（看到骨頭、透到肌肉）、或是流血不止的傷口，可能考慮在急診室或到**開刀房上全身或局部麻醉**，進行更完整的清理後，再進行縫合。

如果在**山地鄉被野生哺乳動物或流浪貓狗咬傷**，尤其當**傷口見血**，代表深度**夠深**時，最好到**狂犬病疫苗的儲備醫院**，請醫師評估是否需要施打狂犬病疫苗或免疫球蛋白。

❤ 就診時的注意事項

除了主動告知有沒有藥物過敏（包含破傷風疫苗），孕齡女性有無懷孕之外：

➊ 破傷風疫苗是否已經超過保護期（5 年）？

➋ 有沒有糖尿病、服用類固醇、肝腎功能不佳、愛滋病等等會**影響到免疫功能**的情況？

➌ 是否受到**野生**哺乳動物攻擊或是在**山地鄉**被**流浪**貓狗咬傷？

什麼事情必須做？

清洗傷口和規律換藥，是避免感染的關鍵，如果無法自行處理，建議就醫處理傷口，持續觀察傷口變化，如果有**紅腫熱痛**，或是**發燒**，代表感染，需要就醫治療。

在每次換藥的時候，最好都要用醫療器材行可以買到的生理食鹽水，沖洗然後用棉棒稍微擦拭後再換藥，避免一層一層的塗上藥膏，影響到新塗藥膏的抗菌效果。

在山地鄉被野生哺乳動物或流浪貓狗咬傷，尤其當傷口**見血**，最好到狂犬病疫苗的儲備醫院，**請醫師評估**是否需要施打狂犬病疫苗或免疫球蛋白。

什麼事情不該做？

跟處理一般的傷口一樣，絕不要用煙草、中藥敷料沾污傷口（即使應該是常識了，筆者在急診室還是經常見到），這些無謂的東西不止沒有治療效果，反而會增加感染機會。

113

💗 預防的方法

幫自己養的家犬或家貓施打狂犬病疫苗（通常效期 1 ～ 3 年，請詢問施打疫苗的獸醫）；避免被野生哺乳動物或是流浪貓狗咬傷（保持距離，別為了教訓不友善的狗狗，拿自己的生命開玩笑）。

出國前，如果 5 年之內沒有打過破傷風疫苗，建議出國前無論如何都要去一趟旅遊醫學科、家醫科或外科**打破傷風疫苗**，畢竟出外受傷難免，如果真的被咬或是受傷了，到時候在國外打疫苗的費用高昂，不如在出國前就做好準備。

如果要到狂犬病流行的地區旅行（請參考 P116 的流行區域圖），

施打狂犬病疫苗的話，需在**出國一個月前**就開始安排施打，因為完整的疫苗接種，在接種完第一劑後，過 7 天、過 21 天都還需要再接種，一共**三劑**，才能維持 **6 個月的保護力**（注意只有 6 個月的效力！提供接種疫苗的地點請參考 P117「FAQ 我可以到哪邊施打狂犬病的預防疫苗呢？」）。

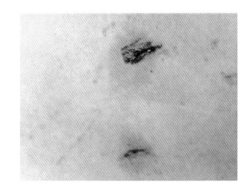

💗 如何避免被狗咬傷？

除了不要主動挑釁，看到心情不好的狗就遠遠避開外，每隻狗的個性不同，在不同國家，狗的文化差異可能也很不一樣，很難預測自己認為親近的行為會不會踩到對方的地雷。

千萬不要直視狗，就像報紙上的社會版總是一再教育我們不要直視陌生人的眼睛一樣，對充滿獸性的動物來說，牠們會把這種行為當作挑釁！

如果真的覺得受到狗狗威脅了，狗追過來了，**不要拔腿就跑**（除非你有把握跑得比牠快）。先保持不動，不要直視牠，**用命令的語氣叫牠離開**，直到狗退開為止。如果真的敵不動，我們就慢慢動，**面向牠**，退出到狗的攻擊範圍外。

如果即使我們如此以禮相待，狗狗還是泯滅人（狗）性的攻擊過來，若有**攻擊範圍長的武器**（如雨傘或是掃把），隔在你和牠之間嚇阻，可以隔絕了牠所有攻擊的角度；如果很不幸沒有，把可以從身上分離的東西丟出去，譬如說背包或是衣物，轉移狗的注意力。

如果很不幸真的被攻擊，請維持自己人類的尊嚴，**保持站立的姿勢**吧！這可以避免重要的頭、臉部被攻擊，被攻擊下半身總比被攻擊上半身好（你問下體？嗯……轉身或是用手護住吧）；如果跌倒或被撲倒，最重要的是**保護頭、臉**，把身體像顆球一樣弓起來，用雙手像拳擊手一樣護在頭、臉處，畢竟頸部以上的重要器官不少，而且大部分的人應該都一樣，是靠臉和頭腦吃飯的，臉部的美觀比身體的其他部位重要。

除了澳洲、紐西蘭、日本、西歐和北歐外，大部分的國家都有狂犬病的案例

❤ 建議回診科別

一般外科、整形外科、感染科

Q 什麼動物會感染狂犬病？

　　貓、狗、馬、貂、鼬獾、狐狸、狼、熊、蝙蝠；另外**囓齒類**的動物，如老鼠、松鼠、兔子雖然機會很低，但仍有傳染狂犬病的可能。

Q 哪些地區是狂犬病流行的地區呢？

　　除了日本、澳洲、紐西蘭、智利、冰島、英國、西班牙、法國、挪威、瑞典、芬蘭沒有狂犬病的流行之外，包含台灣鄰近的中國大陸、東南亞、印度，以及許多的歐美國家，都是狂犬病流行的疫區。

圖示中，除了綠色的部分是沒有狂犬病的地區，其餘區域都是狂犬病流行的地方，台灣（紅色圓圈）在2013年重新成為狂犬病的疫區

Q 狂犬病會有怎麼樣的症狀？

　狂犬病會有 **3 ～ 8 週左右的潛伏期**，所以在被咬傷後的幾週，如果開始有發燒、**喉嚨痛**、厭食、嘔吐、**呼吸困難**、吞嚥困難、畏光等症狀，就必須要馬上就醫，盡快治療，因為得到狂犬病的**死亡率**很高！

Q 如果在國外有狂犬病流行的區域被哺乳類動物咬傷（犬、貓、狐、狼、浣熊、蝙蝠等），或是即將要前往狂犬病流行的地區，我可以到哪邊施打狂犬病的預防疫苗呢？

　在疾病管制局的台北總局（林森南路 6 號）、中區第三分局（台中市南屯區文心南三路 20 號）、南區第四分局（高雄市左營區自由二路 180 號）、東區第六分局（花蓮市港口路 5 號）、澎湖、金門、連江縣衛生局可以取得狂犬病疫苗。

　另外在醫院的部分，從北到南，基隆地區衛生署署立基隆醫院；台北地區位在台北市中山區的馬偕醫院、中正區的台大醫院、內湖區的三軍總醫院；桃園地區位在中正國際機場第一航廈出境大廳 B1 北側的壢新機場中心診所；新竹地區位在新竹市的台大新竹分院（舊名為署立新竹醫院）；台中地區位在台中市西區的署立台中醫院、梧棲區的童綜合醫院；台南地區位在台南市北區的成大醫院；高雄地區位在高雄市的小港醫院（小港區）和市立聯合醫院（鼓山區）；花蓮地區為在花蓮市的署立花蓮醫院也有儲備疫苗使用。進一步的資訊，可以撥打 **1922（防疫專線）**諮詢。

！一句重點

在台灣除非被野生動物咬傷，不然不用怕狂犬病，但是要小心傷口感染，抗生素要吃完整個療程。

被動物咬傷處理要點

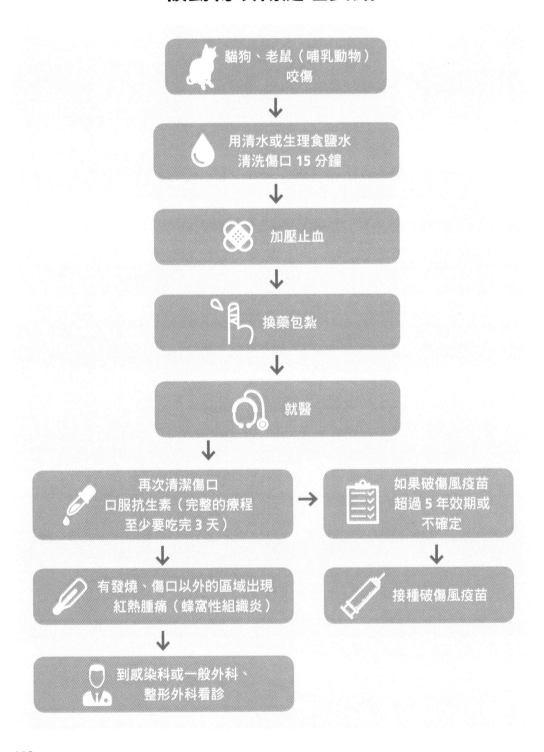

貓狗、老鼠（哺乳動物）咬傷

用清水或生理食鹽水清洗傷口 15 分鐘

加壓止血

換藥包紮

就醫

再次清潔傷口
口服抗生素（完整的療程至少要吃完 3 天）

如果破傷風疫苗超過 5 年效期或不確定

有發燒、傷口以外的區域出現紅熱腫痛（蜂窩性組織炎）

接種破傷風疫苗

到感染科或一般外科、整形外科看診

PART 3
居家疾病大補丸

▶ 11　感冒　　　　　　　　120

▶ 12　武漢肺炎　　　　　133

▶ 13　頭痛　　　　　　　　139

▶ 14　頭暈　　　　　　　　147

▶ 15　腦中風　　　　　　153

▶ 16　過敏　　　　　　　　160

▶ 17　過度換氣症　　　166

▶ 18　癲癇　　　　　　　　172

▶ 19　低血糖的急救　　180

▶ 20　血壓高　　　　　　189

感冒

大部分的人以為，急診室的醫師最常處理的疾病，是心臟病、是中風、是撞得肢離破碎的外傷……每天跟死神拔河，「唰」一開門就滾進來一隻斷掉的手臂；一轉頭就看到一位心臟病發的老伯；一皺眉就是「霍——」剪開病人的胸口，伸出沉穩的手，直接對心臟按摩；或是一停下腳步，就會發現經過的病人癲癇發作。這也是立志當急診醫師前，我最初的想像。

但必須遺憾的告訴你，這些雖然急診醫師都看，但在健保施行以來，最常看的還是人稱小病的「感冒」。外面診所有腸胃科、神經內科、小兒科、內科，問問診所的醫生看什麼最多？沒錯，也是感冒。

電視廣告裡，賣藥的廣告琳瑯滿目，眼睛都看到抽筋了，不難看出感冒成藥的廣大商機。

在天氣轉涼，11 月到 2 月的秋冬之際，在節目暫停的空檔，這類廣告出現的機會甚至超過三成以上，這時只要有一點點頭暈、喉嚨癢癢的時候，都忍不住懷疑自己是不是感冒了？

❤️ 什麼是感冒？

所以到底什麼是感冒？感冒指的是因病毒感染，**而引起咳嗽、喉嚨痛、流鼻水的症狀，我們就籠統的**稱為感冒。感冒病毒非常小一隻，又叫「濾過性病毒」，就算拿一般的顯微鏡（光學顯微鏡）也看不

到，在日常生活裡是那麼的無色無味，讓人生病於無形，必須在電子顯微鏡下，放大到幾萬倍才能直接看到這個麻煩的小東西。

能夠引起感冒症狀的病毒至少有 200 種以上，雖然都是類似的症狀，卻由不同的病毒所引起；**流行性感冒就是其中一種病毒（流行性感冒病毒）引起的嚴重型感冒。**其中有些會同時拉肚子，我們叫「腸胃型感冒」。進幾年出現的SARS，則是一隻突變的冠狀病毒（這 200 多種可以造成感冒症狀的其中一種），具備了人傳人的能力，而開始腥風血雨的傳播過程。

2019 年底引發注意的武漢肺炎，是由新型的冠狀病毒所引起，傳染力更強！殺傷力更大！

病毒就像人或是所有其他的物種一樣，在傳播和繁衍的過程裡，會變得更聰明，變得更適合這個世界，然後生存下去，所以它們不停在突變。

❤️‍🩹 什麼是流行性感冒？

「流行性」感冒，專門是指因為「**流行性感冒病毒**」引起的感冒症狀，因為這種感冒特別在秋、冬之際流行，傳染力強，隨著年節團圓的南北大串聯，在每年過年前後，12 月到 2 月間，就成為一種很不OK、很不時尚的「流行」。

說到底，「感冒」都是由病毒所引起，造成感冒的病毒，透過生病的人咳嗽、打噴涕、鼻涕或是唾液這些分泌物，傳染給別人，他可能剛剛摸過你現在使用的公共電話、摸了你現在摸上的門把、或是從別人手中接過的紙鈔，進而散播到你身上。

長得像衛星的小病毒，在你的細胞登陸後，就會打個洞進到細胞裡，然後開始複製和分裂的過程，經過幾天的時間（我們叫潛伏期），產生足夠的病毒數量，就會引發咳嗽、喉嚨痛、流鼻水的症狀。

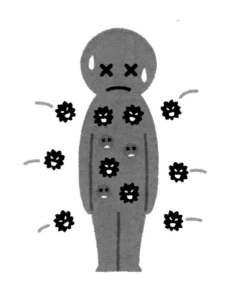

如果你的身體已經認識這個病毒，被病毒登陸的細胞就會把病毒的樣子掛在門口，引起身體快速大量複製已經有的抗體，所以幾乎不會產生症狀，或是非常輕微，讓人毫無感覺。

❤ 上、下呼吸道感染

在醫生眼裡，由病毒感染，造成俗稱「感冒」的病，都統稱為「上呼吸道感染」（這也就是到醫院申請診斷書會看到的字眼）。醫學把鼻子、口腔、喉嚨，這些空氣剛吸進來的空間，當作「上端」，所以稱為「上呼吸道」；而以肺部，包含氣管，分叉如樹枝枝芽、枝幹的支氣管，則稱為「下呼吸道」。

「下呼吸道」的感染，因為被入侵的病毒或細菌等致病物直搗黃龍、長驅直入到呼吸道的盡頭，就代表感染的範圍和程度比較嚴重，咳嗽的情況也會比較嚴重，甚至一躺下就喘，會呼吸困難、費力，而且連吃東西都會覺得很費力，這需要就醫治療。

造成「下呼吸道」的感染，最常見的原因是病毒（感冒）或細菌，當病毒在肺部裡攻城掠地，佔據要塞後，細菌也可能順著病毒的攻勢，在破敗的肺部裡佔地為王，成為「續發性」的感染，所以當感冒的情況平穩一段時間後，如果突然變嚴重，開始發燒起來、呼吸困難或變喘，需要到門診就醫檢查；如果惡化快速，就應該到急診治療，確認是否產生併發症。

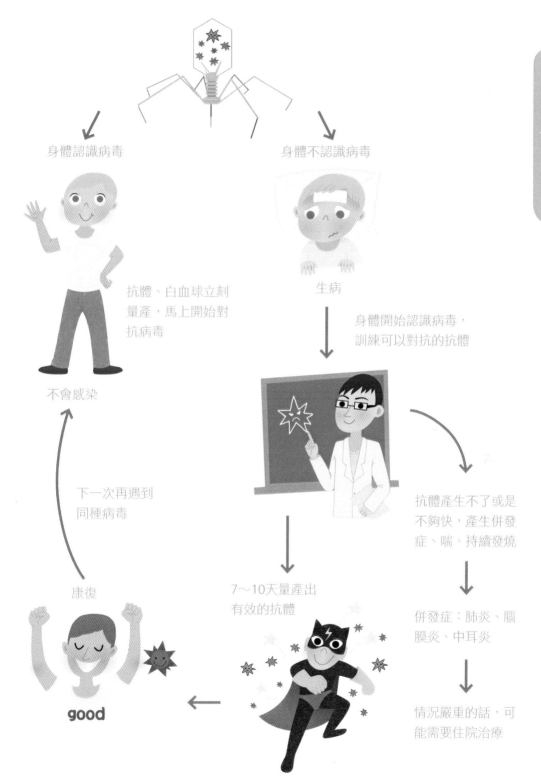

身體認識病毒

抗體、白血球立刻量產，馬上開始對抗病毒

不會感染

下一次再遇到同種病毒

康復

good

身體不認識病毒

生病

身體開始認識病毒，訓練可以對抗的抗體

7～10天量產出有效的抗體

抗體產生不了或是不夠快，產生併發症、喘、持續發燒

併發症：肺炎、腦膜炎、中耳炎

情況嚴重的話，可能需要住院治療

123

♥ 感冒的危險

如果你的身體第一次接觸到這隻病毒，或是沒有接種過疫苗（直接讓身體產生針對這種病毒的抗體），身體就需要將近 7 天的時間，去認識這個病毒，並且訓練出針對這種病毒的抗體，大量生產，開始有效的消滅這些病毒。這時候多休息、避免熬夜，可以讓免疫力充分發揮，讓感冒好得比較快。

相反的，如果因為身體很虛弱，或是細菌趁機大舉入侵，就會產生併發症，讓高燒持續不退、生病不舒服的時間拉得更長、產生的症狀也變得越來越嚴重。譬如說肺炎或是心臟發炎就可能變喘，這時需要由醫師評估，是不是需要進一步檢查、使用抗生素或是其他藥物。

♥ 看病有沒有用？

巷口有 3 家診所，小明因為感冒很不舒服，吃了兩包成藥沒好，於是去了第一家診所。診所的醫生說：「感冒不用看醫生，你的感冒沒藥醫。」小明聽了很生氣，大罵第一間診所的醫生沒有醫德！於是他去了第二家診所，第二家診所的醫生，看起來有點兇，聽了小明的症狀，開了 3 天藥，叫小明回去吃，告訴他如果燒 48 小時不退，或是會呼吸困難、會喘，就要去大醫院檢查。

小明吃了 3 天藥，但還是有點咳，覺得第二家診所的藥不太有效，所以去了第三家醫院，第三家醫院的醫生，很親切的跟小明聊天，然後再開了 3 天藥，小明吃完這 3 天，病就好了。

急診或是看病通常都會是第一種情況。在櫃台護士就會攔住你，告訴你感冒不用看病。感冒能夠痊癒，唯一的條件就是經過 7 天左右的時間，人體會辨認作怪的病毒，自然生產出一批可以對抗這隻病毒的免疫力大軍，所以就康復了，下次遇到同樣的病毒，也不會感染、或症狀很輕微了。

所以第一個醫生，或許表達太直接，容易產生誤會，不過他說的也沒錯，感冒的確是「沒藥醫」，要靠的是**自己的免疫力**，所以要**多休息、多喝水**。多休息，免疫力就會更強壯，有更多的本錢，戰勝使壞的病毒。除非有腎臟病、心衰竭、腳水腫的病人不可以喝太多水外，在感冒期間，因為發燒和身體免疫力在努力作戰，水分的流失都會比較多，需要多喝水。

為什麼要多喝溫水？

如果以醫學的角度，仔細計算一個 60 公斤的成人，一天需要的飲水量，差不多是 2,300c.c. 左右，但是說真的，一般人總括一天喝到的開水、飲料、湯汁、水果，其實都不太達到這個量，而且感冒發燒，**水分會加速流失**，所以感冒更要多喝水，補充流失的水分。

至於喝溫水或熱水，在沒吃藥的情況下，溫熱的水比較不刺激，有舒緩喉嚨或咳嗽的症狀，所以建議多喝溫開水，但不需要喝到「燙口」，這樣反而會造成口腔黏膜的受傷。

感冒為什麼會大流行？

回過頭來，小明吃第三間診所的藥，感冒好了，真的是第三間診所的藥開得比較好，比較有效嗎？當然不是，是因為小明的免疫大軍成軍了，感冒自然就好了。所以會不會感冒，除了自己是不是太累，免疫力下降比較容易感冒以外，另一個問題是感冒的「毒性」。

像形成大流行的流感病毒，因為病毒突變過，大部分的人身體沒有免疫力，就會容易感染上這種病毒，而且人和人之間就會像弄倒一張骨牌一樣，一直無止盡的傳導下去，直到大部分的人都產生了免疫力，或是接種疫苗為止。

❤ 流感疫苗不能預防感冒？

　　就因為流感病毒只是這兩百多種的其中一種，打流感疫苗不會對SARS產生抗體（因為是別種的病毒），一樣還有其他兩百多種的病毒可以讓你感冒，所以如果**遇到流感以外的病毒，一樣會感冒**（出現感冒的症狀）。就算是流感病毒，因為這種病毒有許多不同的病毒株，病毒株本身又會突變的關係，所以即使打過了**當季**的流感疫苗，也只會對專家事先預測的**特定流感病毒株**有抵抗力而已，如果遇到是別種流感的病毒株，下場還是一樣會感冒。

❤ 接種疫苗有什麼好處？

　　如果大部分的人，都得過這種感冒，身體有免疫力，傳給下個人的機會就被消滅，傳不下去，就不會形成流行了。這就是為什麼世界衛生組織，每年針對比較可能的流感病株，都會製作疫苗，然後推廣接種流行性感冒疫苗的原因，這可以有效地預防這些充滿危險的重犯危害世人。打流感疫苗，不僅保護自己而已，當大部分的人都對這種病毒產生抗體時，就可切斷病毒傳染給下一個人的機會，間接的保護我們身邊的家人和在乎的朋友。

❤ 為什麼一輩子都在感冒？

　　可以造成感冒也不過才兩百多種，為什麼我們這輩子總是哈啾連連，感冒不斷，這是因為各種感冒病毒，又有許多病毒株。這就像同樣叫作狗，卻有瑪爾濟斯、吉娃娃、也有西藏獒犬、黃金獵犬一樣，得過這個病毒，不會對另一個病毒產生抗體；病毒本身，也是不停突變創新，精益求精，所以病毒和人的戰爭，永遠沒有止息的一天。

成藥是什麼？

成藥，其實成分與醫生開的藥相近，但就像麥當勞賣的漢堡包一樣，為了增加成藥的適用性，不管想吃什麼，需要吃什麼，點套餐就是薯條、可樂全部奉上，鎮咳的、流鼻水的、止痛退燒的，大多數人感冒會有的症狀一次給你，但不會因為不要薯條（沒有咳），或是不要可樂（沒流鼻水），就調整內容物，所以往往會吃到不必要吃的藥品。

藥物既然進到人體，就要讓肝或是腎臟工作來代謝這些藥物，會對人體產生負擔，如果不是真的需要使用到的藥物，多吃只會有害。

所以如果真的有必要，適度的吃感冒藥是減輕惱人症狀的有效手段，但是吃藥並不能加快人體康復的時間，過度的操勞還是會降低免疫力，藥物算是一種手段，卻不能真正「治療」感冒。

怎麼處理？

HOW TO DO

1　觀察有沒有嚴重的症狀，多休息、避免熬夜，如果心臟功能和腎臟功能正常、下肢沒有水腫，可以多補充水分。

2　症狀如果會影響到工作或考試，可以考慮吃藥減輕症狀。

3　如果最近一個月內有出國，最好到門診就醫，請醫師評估是否為旅遊相關的感染症。

🫀 怎樣算嚴重 & 什麼時候該去急診室？

感冒如果**高燒（超過 39℃）超過 3 天，**會呼吸困難、會喘、咳嗽有多量**黃痰**、連進食都覺得費力、吞不進食物、流口水（吞不進口水）、下巴或脖子腫起來，發生任何一項，就要擔心在肺部或是心臟引起併發症，需要盡快到胸腔科、感染科或一般內科就診，或是到急診室由醫師評估。

如果有頸部僵硬、畏光、退燒時持續的嚴重頭痛，需要盡快就醫檢查有沒有腦膜炎的併發症。

如在門診就醫過，吃藥後仍然持續惡化，則需要回到門診或急診評估，看是否需要藥物調整，或是進一步檢查或治療。

🫀 在急診會如何治療？

急診最重要的評估，是確認症狀是不是「真的」由感冒所引起，還是造成發燒的情況另有原因；如果是感冒，有沒有感冒的併發症？所以如果有必要，醫生會安排如 X 光片或是抽血等等的檢查，來確認治療的方向。

如果醫師懷疑有腦膜發炎，進一步要確定，需要抽「龍骨水」（脊髓液）來化驗，乍聽之下可能會讓一般人卻步，但卻是確認腦膜是否發炎最詳細的檢查，所以如果退燒仍劇烈的頭痛、反應「怪怪的」、脖子會僵硬無法低頭望

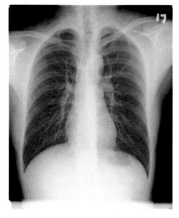

必要時照胸部的X光片排除肺炎等併發症

向肚臍、看到光會畏光，就可能需要進行腦膜炎的檢查，盡早治療，才不會造成長期的後遺症（老一輩的人認為高燒會「燒壞頭殼」，大部分就是因為發生「腦膜炎」併發症的結果）。如果有高燒、明顯的肌肉痠痛、骨頭疼痛，懷疑是流行性感冒病毒的感冒，可以由醫師建議是否需要流感篩檢。

♥ 就診時的注意事項

　　除了藥物過敏史（尤其是止痛、退燒、消炎或抗生素過敏），孕齡女性有沒有懷孕之外：

1 最近三個月內有沒有出國？去了哪裡？一同出國的人有沒有同樣的症狀發生呢？

2 有沒有呼吸困難、會喘、站著和進食都覺得費力？

3 症狀有多久？發燒時間有多久？發燒是否持續？溫度多少？

4 感冒之後，有沒有在藥局拿藥？去診所或其他醫院治療過？或是服用抗生素？（最好**攜帶已經服用的藥物名稱或藥單**，可以讓醫生更精確的調整治療的方向。）

5 有沒有糖尿病？有沒有使用類固醇？有沒有氣喘或是慢性肺病？有沒有心臟病？心臟衰竭？

6 身上有沒有起疹子？

7 有沒有頸部僵硬、明顯的畏光、反應「怪怪的」？

8 有沒有吞不進食物、吞不進口水，所以口水一直流、下巴或脖子腫起來？

什麼事情必須做？

1. 充分休息，休息比吃藥更重要，如果沒有如心臟衰竭、下肢水腫、腎功能不良或是醫生建議限水的情況，可以多補充溫開水。

2. 感冒會傳染給家人和朋友，所以戴口罩，多用肥皂洗手，以及少出入公眾場合。

3. 注意溫度變化和保暖，避免再次感冒或惡化。

什麼事情不該做？

1. 抽煙本身就可以引起支氣管的發炎，尤其在感冒有咳嗽的情況，尼古丁會持續的刺激氣管，造成久咳不癒。

2. 感冒的病毒感染，常會造成全身性的症狀，除了咳嗽、流鼻水，也容易胃發炎或腸胃不適，所以要避免吃刺激性、或是難消化的食物，尤其本來腸胃就有痼疾的人，這時復發的機會也更高，吃東西需要格外小心。

🫀 預防的方法

① 多用肥皂洗手，就可以避免被別人家的病毒和細菌傳染。

② 如果有感冒症狀，戴口罩、感冒不能趴趴走、少出入公眾場所、咳嗽或打噴涕時用衛生紙掩住口鼻，避免噴濺他人。

③ 當季節變換、冷熱交替時就容易感冒，如果周圍家人、朋友感冒變多，就減少出入密閉的空間或是空氣流動不佳的場所。

④ 進行流行性感冒和肺炎鏈球菌的疫苗注射，可以保護自己、也可以保護家人和接觸到的朋友。

⑤ 每年在 9 ～ 10 月期間，疾管局就會宣佈該年度開始施打流感疫苗的日期（請參考網站：flu.cdc.gov.tw），預防 11 ～ 3 月間流感的大流行，細節需請教醫師。

⑥ 建議 **65 歲以上或 5 歲以下施打肺炎鏈球菌疫苗**，目前衛生署對 75 歲以上、5 歲以下中低收入戶和高危險的孩童，可免費施打疫苗（疫苗免費，須付掛號及診察費，細節可請教醫師或參考衛生福利部疾病管制署官網。

🫀 建議回診科別

耳鼻喉科、感染科、胸腔科、一般內科

Q 我明天還要上班，感冒打一針會不會比較快好？

感冒是因為病毒感染，本來就沒有「治療」感冒的藥物，在醫院除非是使用口服藥無法退燒、或是頭痛、肌肉痠痛、背痛嚴重，可使用針劑來「退燒」或是「減輕疼痛」，否則除外沒有打了感冒會比較快好的針。

Q 感冒了要不要打點滴，會不會比較容易退燒、體力恢復、感冒好得比較快？

點滴的成分是「鹽加上水」，有些含糖分，除此之外，沒有抗發炎、退燒的藥物，唯一的用途是「補充水分」，適用在喝水會吐或是明顯脫水的病人身上，除了糖和鹽以外，沒有任何的蛋白質、維他命或是任何你腦海裡「有營養」的物質，就算是白吐司或是最清淡的米粥，都遠遠的超過點滴的營養。

靠打點滴來補充體力或補充營養，就像相信喝加鹽白開水就可以長肉一樣，加鹽的白開水，既沒有「營養」、也不能「退燒」、更不能「讓感冒快一點好」。

！一句重點

感冒藥是症狀治療，感冒要好，充分休息、多喝溫水，增強免疫力是關鍵。

武漢肺炎

除了細菌之外，這個世界上有很多會讓人生病的小東西，病毒更是其中的佼佼者，它的構造簡單，透過飛沫傳染，在人和人的接觸交談裡，在一個鼻子癢癢的噴嚏中，在一個開過一個的門把上，當我們用沾染病毒的手挖挖鼻孔、揉揉眼睛，這個電子顯微鏡才能看到的小東西，就進入我們的黏膜裡、口腔中，鑽進我們自己的細胞裡，開始大量繁殖、複製。

在 2019 年的年末，隨著中國大陸的春運開始，這個聯合國後來正名為 COVID-19（縮寫的意思是，冠狀病毒疾病 -2019）的疾病，就從武漢為起點，挾著剛突變完成，沒有人有抵抗力的威力，在春節熱鬧的氣氛中悄悄地散開。

擴散的病毒是冠狀病毒，其實這類病毒常常在我們一般的感冒中扮演重要的角色，只是感冒如此稀鬆平常，多多少少，我們的身體都曾經戰勝類似的病毒，不過就是幾天小小的不舒服，過了又是一尾活龍。

但每次病毒透過突變成功，就會加強它的毒性或傳染力，因為經過突變，我們的身體沒有見過，就把它稱為「**新冠狀病毒**」。冠狀病毒的突變成功在歷史上也不是什麼新鮮事，2003 年的 SARS（嚴重呼吸道症候群）對一般大眾來說印象深刻，對於所有在醫療院所服務過的醫護人員來說，那是斑斑血淚的歷史，甚至造成某些醫院封院、急診室停擺；2017 年的 MERS（中東呼吸道症候群）也在韓國的醫院產生軒然大波，這些都是冠狀病毒，一次又一次，冠狀病毒終於演變成武漢肺炎病毒的樣子，透過飛機、郵輪，因為傳染力強，從中國全面擴散到世界各地，包含歐洲、美國、全亞洲。

經過突變的冠狀病毒，成功的提高了傳染力並降低了毒性，對於病毒來說，可以非常非常有效的感染人類，但對於幾乎都沒有抵抗力的人類卻是一個嚴重的危機，對於中老年人或是有慢性病、抽菸的人更可能致命，最嚴重的，是因為產生了大量的病人，造成醫院的醫師和護理師、病房超過負荷，影響到原本就已經十分吃重的醫療體系，產生排擠效應，讓其他生病的人沒有醫師、護理師照顧。

HOW TO DO

透過疫情的管理、限制國際交流、降低可能出現感染的人數，並且透過居家隔離、居家檢疫或是集中檢疫的方式，我們把接觸者與人群隔絕，避免這個傳染力極強的新型冠狀病毒繼續傳染到下一個人身上。

如果出現併發症，就會安排住院隔離。

❤️ 怎樣算嚴重？

新型冠狀病毒和所有的病毒一樣，嚴重的是產生併發症，主要是肺炎，也就是在肺部產生一個感染發炎的據點，這在某些人身上會快速惡化，造成呼吸困難、喘，這類的病人通常就需要專業醫療的協助。

❤️ 什麼時候去急診室？

當你出現發燒、咳嗽的症狀，而且曾經因為旅遊、出國去外地工作、或是從事頻繁會接觸到發病者的職業，如計程車司機、空服員、醫療工作者等等，可以聯繫 1922 安排轉送就醫，同時要避免搭乘大眾運輸工具去傳染更多的人。

❤️ 在急診會如何治療？

在急診，我們會把病人分成沒有併發症的：採檢完安排居家檢疫；如果出現併發症的人，則會安排住院隔離治療。

❤️ 就診時的注意事項

因為新型冠狀病毒的傳染力很強，所以要避免搭乘大眾運輸工具，像火車、高鐵、捷運、公車等等，也不要自行就醫（搭計程車或 Uber），需要透過連絡 1922 安排醫院的抵達方式，還請大家一起幫忙防疫。

什麼事情必須做？

- **勤洗手**

根據研究，新型冠狀病毒可以留存在物體表面上存活 5
天左右的時間，我們可以加強洗手，使用肥皂或是乾洗
手，每次清洗超過 20 秒以上的時間，讓不小心跑到我們
手上的病毒被殺死，減少我們自己被傳染或是傳染給別
人的機會。尤其在進食前、回到家裡、進出醫療院所、
上廁所後、打噴嚏或咳嗽後，都最好認真的清潔手部。

濕
用乾淨的水
把手淋濕，
接著抹上肥皂或
洗手乳

搓
將手心、手背、
虎口、指節、手腕處
認真搓洗 20 秒以上

沖
用乾淨的水把
雙手沖洗乾淨

捧
將水捧在手中，
沖洗水龍頭
再關閉水源

擦
用烘手機或是
乾淨的紙巾
把手擦乾

- **正確的戴口罩**

冠狀病毒主要的傳染方式就是透過含著口水的飛沫，利
用打噴嚏或是咳嗽，或是觸摸形成飛沫感染，其實所有
的病毒預防也都是如此，有感冒症狀的人，就應該遵守
咳嗽禮節，並且戴口罩、多洗手，避免傳染給他人。

口罩的戴法也很重要，防水層是顏色最鮮豔的那面，要朝外，才可以避免飛沫噴濺到口罩上，中間有一層可以過濾飛沫微粒的過濾層，最裡面也是不織布的材質，戴反就沒有效果。另外，掛上口罩後，有鋼條可以塑形的在上端，壓鼻樑兩側讓口罩貼合在臉上，才可以在呼吸間讓外界的空氣透過口罩過濾，達到效果。

● **打噴嚏和咳嗽禮節**

咳嗽的時候除了摀住口鼻避免噴濺他人以外，為了避免手心去觸摸東西，最好遮掩打噴嚏和咳嗽的方式，對，就是用手肘內彎！當鼻子或是喉嚨癢癢的時候，立馬用手肘內彎去遮掩噴出的飛沫，可以避免雙手摸東摸西去傳染給別人，從今天開始跟我一起這樣做！

什麼事情不該做？

口罩其實是有症狀的人最應該戴，才能夠有效減少飛沫傳染給別人，另外為了大家好，檢疫或是隔離期間，請一定要待在家裡，不要趴趴走，愛惜自己也保護別人，靜下心來好好洗手，因為我們都不希望傳染給我們心愛的家人朋友！

❤️ 預防的方法

勤洗手、注意咳嗽禮節、戴口罩,減少外出人群眾多會近距離接觸的地方。

洗手五時機

吃東西前

照顧小孩前

看病前後

擤鼻涕後

上廁所後

❤️建議回診科別

如果最近有出國、家人最近有出國、或是從事高風險的職業(計程車司機、空服員、醫療工作者),出現發燒或是咳嗽、喘,請立即聯繫防疫專線1922 諮詢。

一句重點

人類和病毒的戰爭永遠是無窮無盡的,勤洗手、少出門、注意咳嗽禮節,如果非要出門,戴口罩減少去人多的地方,要出門可以去戶外空曠少人的地方享受大自然!

頭痛

親愛的小紅帽，說到頭痛，老爸來給你講個故事。東漢末年分三國，佔據在長江以北的是個才幹與野心均俱的曹操。在三國演義裡，羅貫中寫到東吳殺了關公，把關公的頭顱收在木匣裡，派人送給曹操。收到關公人頭宅急便的曹操，大概是真的嚇到了，從此以後常做惡夢，夜夜失眠，日漸憔悴。

有人建言他另外蓋個宮殿，換個地方睡覺，看能不能睡得安穩一點。於是為了一夜好眠的曹操，開始熱衷建造新居，他看上一塊千年的梨樹神木，但任憑將士們左劈右砍，就是不能傷害這棵神木分毫。

曹操心急之下，「嘩」地一聲抽出寶劍，就要來砍樹，沒想到這一砍，神木竟然噴出一道鮮血，嚇得曹操丟了劍趕快回家。當天晚上，曹操的惡夢有了續集，一個自稱是黎樹之神的瘋狂老人，說自己被曹

操砍了一刀，來到夢中要殺曹操，就只是想要睡個好覺的曹操，馬上驚醒，從此以後就頭痛不已。

小時候讀書不認真，被管寧割袍的華歆，這時候出來舉薦神醫華陀，說華陀的醫術非常高明，藥到病除，可以幫曹操治頭痛。於是曹操派人把華陀找了過來。華陀告訴曹操，這是因為「風」跑進了腦袋裡，所以要用華陀自己發明的麻醉藥麻醉以後，然後把腦袋切開，就可以治療頭痛。

當時的曹操一聽，當然很難想像幾千年以後，穿著無菌手術服的神經外科醫生，一本正經的在開刀房裡幫病人麻醉開腦。生性多疑的他，即使華陀唇舌用盡，仍然認為華陀天方夜譚的治療方式，根本就是詐騙，說穿是想要謀殺自己，所以先下手為強而殺了華陀。

華陀死了以後，這個關於頭痛的故事，就成為中國人對頭痛認知的典型。認為頭痛的原因，就是像曹操一樣腦子裡長東西。但是老爸要告訴你一個秘密，**腦子跟肝一樣，這兩個熱血一來可以拿來塗在地上的東西，都‧不‧會‧痛！！**

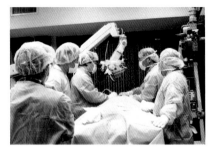

神經外科醫師在開刀房裡開腦

注意事項

中國人認為身體有一股跟隨自然流動的「氣」，當身體因為氣流的不穩，或是受到外來的「風」所干擾，就會產生病狀，所以腦血管阻塞稱為「中風」。

💗 成因

除非曹操腦子裡的東西，長到超出了腦子的邊界，碰到包覆在腦子上的一層膜，這層膜上有血管和感覺到痛的神經，才會引起頭痛。

其實**絕大部分造成頭痛的原因，都是腦袋以外的事**！在頭頸部的肌肉因為疲倦不能放鬆，或是分佈在頭臉的神經收縮，或是頭臉的血管收縮，頭皮發炎或是長皮蛇（皰疹）、或是眼、耳、鼻竇有狀況的時候，都可以引起頭痛。

感冒可以頭痛、發燒可以頭痛、暈車中暑可以頭痛、一氧化碳中毒可以頭痛、牙痛也能引起頭痛；在引言故事裡的華陀，說不定真的是誤診，曹操根本就是因為做惡夢長期失眠，不能放鬆頭頸部的肌肉而頭痛，的確是不需要切開腦袋。

頭痛是有理由讓人恐懼的！還好因為頭痛引起生命危險的急症不多，只有**腦出血**和**腦膜炎**，本文就針對這兩種讓病人性命交關，讓急診醫師夙夜匪懈的病症做說明。

💓 怎樣算嚴重？

➕ 腦出血的警訊

1️⃣ **非常突然的**，像是**被閃電打到**或是**頭快爆炸了**，此生從來沒有的持續頭痛欲裂，會讓你深刻的**記得發生的時間！**

2️⃣ 頭痛到昏倒或是快要昏倒。

3️⃣ 頭痛後出現**中風的症狀**，譬如說半邊肢體麻或無力、口齒不清或講話讓人聽不懂、看東西看到兩個影子或是模糊、昏迷、走路一直偏向同一邊，原本可輕易完成的動作突然無法進行（吃飯、拿筷子、穿衣服等）。

4️⃣ 在**出力時**、打噴涕或咳嗽時突然發生的劇烈頭痛。

5️⃣ 頭痛突然發作，同時延伸到頸子和肩膀。

6️⃣ 癲癇發作（抽搐）。

簡單來說，突然發生的，在**幾分鐘的時間裡，馬上痛到滿分**的頭痛、非比尋常的頭痛，就必須盡快到急診室就醫！

拿曹操來說，他的頭痛久痛不癒，就比較不像是突然發生的腦出血；雖說曹操南北大小征戰不斷，當時又沒有安全帽，就算爪黃飛電神駒在世也難免抖腳，撞到一個腦出血也是很合情理的事，但是依照曹操頭痛病患了很長一段時間的描述，如果曹操穿越到現代，就可以透過神經內外科的門診檢查，確定頭痛的病因是不是慢性的腦出血。

🏥 腦膜炎

簡單說就是感染跑進腦袋裡，在腦袋裡發炎作怪，讓腦部裡的壓力增高，所以至少會有下面其中一種症狀：

① 發燒。

② 突然間反應怪怪的、行為怪異。

③ **頸部僵硬，頭沒辦法往下彎**（下彎頭會很脹痛）。

④ 嚴重持續的頭痛，不會因為燒退了而有所改善。

⑤ 癲癇發作。

正常頸部不僵硬，能自然向下彎，能夠看到自己的肚臍就通過測試

不是只有撞到頭才會腦出血

會造成腦出血，有沒有撞到頭**不是必要的條件**，很少數的人是因為先天就有血管瘤的問題，或是動靜脈血管的異常，然後由於壓力或是用力不當，導致血管破裂，造成出血。

在 2011 年就有一則報導，新婚蜜月中新郎坐飛機突然陷入昏迷，最後在法國診斷是自發性的腦出血；同樣的例子在 2012 年，一位護士小姐，苦口婆心的勸告家屬不要沉迷網路，要多照顧病人，回到護理站氣不過，向同事說到一半就陷入昏迷。

❤ 怎麼處理？

HOW TO DO

如果出現「怎樣算嚴重」裡腦出血或腦膜炎的任何一個症狀，就應該馬上緊急送醫，不應該有任何延誤，如果真的是因為腦出血所引起，可能很快就會陷入昏迷；如果是因為血管塞住的中風，同樣有黃金治療時間3小時，但一樣要馬上送醫（請參考 P153「腦中風」）。

如果是曾經發生過的、不特別厲害的、緩慢發生的、長期習慣性的疼痛，可以服用曾經吃過，沒有過敏的止痛藥止痛（譬如說普拿疼）。建議到**神經內科**就診，找出確切頭痛的原因，看需不需要進一步做相關的檢查。

❤ 在急診會如何治療？

急診會依照患者的病史使用止痛藥，但最重要的任務是挑出可能是因為腦出血或腦膜炎、或癲癇造成持續頭痛的病人，進行必要的檢查與治療。

如果懷疑是腦出血，做電腦斷層能看到明顯的出血，可以有九成的把握是不是腦出血，但是仍然有一成的情況，是出血的量很少，而無法從電腦斷層上檢查到，如果仍然懷疑是腦出血，醫生就需要進一步抽「龍骨水」（腰椎穿刺）檢查。

同樣如果是懷疑腦部感染、腦膜發炎，一定要抽龍骨水，去化驗腦部有沒有感染。這樣的處置，乍聽之下很嚇人，但是腦出血和腦部感染，都是要和時間賽跑的疾病，必須盡快確定診斷和治療。

抽龍骨水

① 因為通常會給予止痛，所以要主動告知有沒有過敏史，孕齡女性有沒有懷孕。

② 過去有沒有這樣痛過？是幾點幾分開始頭痛？是不是像**爆炸**或是**雷擊**一樣呢？

③ 有沒有暫時或持續出現前述**中風的症狀**？有沒有昏倒失去意識？有沒有癲癇發作？

④ 這幾天有沒有發燒？有沒有感冒？會不會頸部僵硬、頭不能彎低下去？

⑤ 有沒有自己吃過止痛藥了？有沒有效？

⑥ 是在什麼情況下發生的？出力搬東西？洗澡的時候？（是不是一氧化碳中毒、在一起的家人或朋友有沒有同時發生頭痛？）

⑦ 平常有沒有在**吃抗凝血的藥物**（包含阿司匹靈）？有沒有使用毒品？

⑧ 這一個月內有沒有撞到頭？或是頭部有沒有開過刀？

⑨ 過去有沒有中風過？有沒有心律不整？

⑩ 過去身體有沒有惡性腫瘤？有沒有愛滋病帶原？

⑪ 三天之內，有沒有做 SPA 時用**強力水柱沖頸子**，或是**按摩推拿頸部**？

一句重點

幾分鐘之內痛到滿分的頭痛，要盡快就醫！

什麼事情必須做？

❶ 如果感覺頭痛非比尋常，或是即使吃了止痛藥仍然越來越痛，就要考慮至**神經內科**門診，或至急診就診評估。

❷ 如果是專注盯著電視或電腦螢幕很長一段時間發生的頭痛，就請你盡快逃離螢幕的監禁，緊盯螢幕或電視，常讓人不自主的僵化姿勢，站起來活動，休息一下，洗個熱水澡還是打個太極拳都好。

❸ 放鬆、舒壓、適度運動、睡眠充足、正常作息。

什麼事情不該做？

❶ 如果是在**出力搬重物**時發生的頭痛，就不宜再繼續勉強出力工作，應該馬上休息。

❷ 如果癲癇發作，不要塞東西到患者的嘴裡，讓他側躺在柔軟的平面上，保護他不要讓他墜落倒地或是撞到，陪伴他等待救援。

建議回診科別

神經內科、神經外科

145

頭痛處理要點

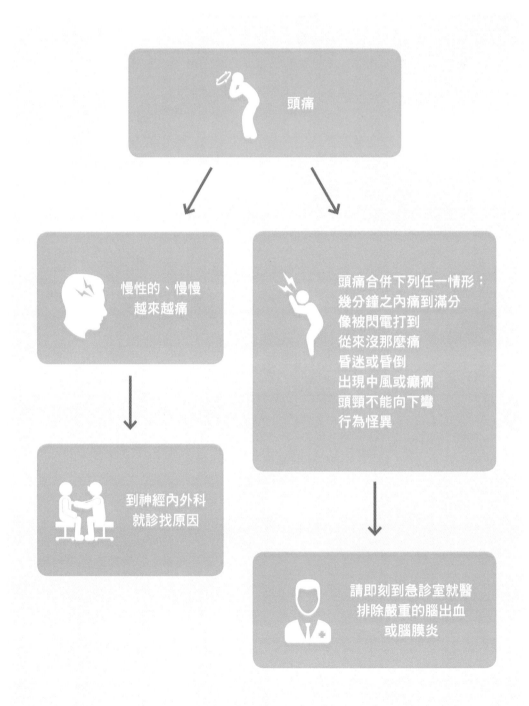

頭痛

慢性的、慢慢越來越痛

頭痛合併下列任一情形：
幾分鐘之內痛到滿分
像被閃電打到
從來沒那麼痛
昏迷或昏倒
出現中風或癲癇
頭頸不能向下彎
行為怪異

到神經內外科就診找原因

請即刻到急診室就醫排除嚴重的腦出血或腦膜炎

頭暈

親愛的小紅帽，跟爸爸所有認識的小朋友一樣，你喜歡天旋地轉的感覺，總是眼睛發亮的看著這個快速旋轉的世界，在你咯咯的笑聲裡，父女倆頭暈腦脹的倒地不起。「還要！」還沒站穩，你稚氣的聲音一定馬上響起。

人體透過眼睛看到的視覺、耳朵和小腦裡的本體感覺，像是 GPS 一樣而勾勒出自己在空間裡的定位，會比較三者之間畫出的座標軸，確認自己所在的位置無誤。

但如果是眼睛、耳朵或是小腦裡定位的座標，與其他地方定位的結果衝突，就會產生眩暈，不用旋轉，也會突然天旋地轉、或是像地震一樣感覺地板忽高忽低，或是覺得腳步浮浮的。

💓 成因

視覺判斷的遠近與腦部和耳朵不同，就會產生頭暈。耳朵定位的衝突是最常造成天旋地轉的情況，為了解釋這個情況，醫生會用「**內耳不平衡**」解釋管平衡的內耳，與眼睛和腦部對空間解讀不同的衝突。

這可能因為退化，內耳定位的偵測器突然掉下了一顆螺絲（鈣化的耳石），造成極其敏感的內耳，在轉動頭部時，除了感覺到正常的轉動之外，還感覺到螺絲的亂流嚴重干擾，所以天旋地轉的錯亂起來。

另外，在感冒的時候，除了喉嚨發炎之外，如果蔓延到隔壁的內耳，一樣也會覺得天旋地轉。好在耳朵造成的眩暈症，通常都可以藉藥物控制，迅速的穩定不舒服的感覺。

147

至於腦部造成頭暈，最常見的原因就是「腦中風」，就跟用半身不遂來表現的腦中風一樣，必須立刻送到急診室，查明原因，盡早治療；另一種可能的情況，則是腦部的腫瘤或出血。

怎麼處理？

HOW TO DO

先讓病人坐下或躺下，採取他比較舒服的姿勢（耳朵引起的頭暈會在某種動作、方位或姿勢下更暈），並且避免突然的改變姿勢。

出現任何中風症狀，或是頭暈同時出現如下文所述的嚴重症狀，立刻打 119 送醫（中風症狀請參考 P149「腦中風」）。

怎樣算嚴重？

如果頭暈，合併突發的胸痛、喘、背痛和冒冷汗，可能是心臟有問題造成的頭暈，或是大血管破裂的嚴重情況，必須立刻到急診室。如果頭暈並伴隨劇烈頭痛、喪失意識、突發的聽力喪失，或是在吐血或解大量黑便之後頭暈，都需要立刻到急診室就醫。

如果本身有糖尿病，發生頭暈時最好立刻先測血糖，如果血糖太低，就應該立刻吃糖或進食；血糖太高，同樣會引起頭暈，如果一直降不下來，或是超過 300 毫克 / 分升（mg/dL，是台灣地區使用的單位），也應該送醫，請醫師評估。

至於因為「中風」造成的頭暈，要注意下面幾種情況：

1 **半邊手腳無力、或是半邊的身體麻、臉歪斜**。如果無力的情況不是很明顯，可以把雙手平舉，看看有沒有單邊支撐不了而放下來，就是有無力的情況。

2 **口齒不清**。

3 **吃東西會噎到、嗆到**。

4 看東西看到**兩個影子（複視）、視力有變化（模糊或看不到）**。

5 **走路會特定偏向一邊**，是一種中風的症狀！一般頭暈走路傾往左邊就偏左邊，傾往右邊就偏右邊，就像喝酒醉的人一樣，**不會偏往特定的方向**，但中風因為是腦部左邊或右邊特定位置的損傷，所以走路會偏向特定的一邊。

6 **意識不清**。

什麼時候該去急診室？

　　如果有**胸痛、喘、背痛、冒冷汗、有喪失意識、突然聽力喪失、最近一個月內有撞到頭**、有吐血或是解黑便、糖尿病病人血糖低於 70 或超過 300（毫克／分升），有前述中風的症狀，都應該立刻到急診室處理。如果有**發燒**或**嚴重頭痛、頸部僵硬**，也應該立即就診。

　　另外，如果是第一次的頭暈、或是反覆的頭暈，但是沒有就醫檢查過，應該到**神經內科**或是**耳鼻喉科**門診評估，安排進一步的檢查或治療。

❤️‍🩹 在急診會如何治療？

頭暈是許多疾病都可能發生的症狀，包含糖尿病、嚴重肝病、貧血、心臟病、藥物、內分泌疾病、電解質異常、偏頭痛、一氧化碳中毒等等，急診醫師會問明發生的情況和症狀，做神經方面的評估，決定是否進一步檢查或治療。

如果是耳朵造成的頭暈，造成頭暈不適無法吃藥，急診會打止暈針，如果有必要還會打止吐針。

注意事項

止暈針的成分就像止流鼻水的藥一樣，是抗組織胺，打完可能會讓人想睡。

❤️‍🩹 就診時的注意事項

除了藥物過敏史，孕齡女性有無懷孕之外：

① 過去的完整病史，有沒有心臟病或心律不整？有沒有三高（高血糖、高血脂、高血壓）？有沒有癲癇病史？頭部有沒有開過刀？有沒有精神疾病？有吃什麼樣的藥物（抗凝血藥物、安眠藥、血壓藥、抗生素等）？

② 最近一個月內有沒有撞到頭？

③ 最近有沒有發燒？

④ 發生的時間（幾小時？幾天？）

⑤ **發生的情境**（聽到有人叫，突然轉頭？按摩或做 SPA 後發生？）、發生時**合併什麼樣的症狀**（胸痛、背痛、頭痛、冒冷汗、半邊肢體無力、抽搐、喪失意識、嘔吐等）？

⑥ 有沒有**視覺或聽覺上的改變**（視力變差、**看東西看到兩個影子**、聽力變差、耳鳴等）？

什麼事情必須做？

① 如果是急性，數天之內突發的頭暈，合併有「怎樣算嚴重」的情況，應該到急診室緊急處理，如果不需住院，症狀改善後，應該到神經內科或耳鼻喉科門診，進一步檢查；如果是反覆頭暈，應該到神經內科、或是耳鼻喉科，找出確定的原因，根本治療。

② 防止頭暈的患者跌倒、撞到頭或其他部位。

③ 腦中風的症狀初期有時並不明顯，如果症狀有變化，出現前述「腦中風」的症狀，應該立刻返診。

頭暈

什麼事情不該做？

耳朵造成的頭暈常跟「姿勢」的變化有關，在頭暈發作時，最好動作都放慢，不宜快速的改變姿勢，包含突然的轉頭、立刻的起身等等。

一句重點

第一次的頭暈、非比尋常的頭暈、合併胸痛、頸部僵硬、中風的頭暈，應該盡早就醫。

① 如果是因為「耳朵」的問題造成經常的頭暈，飲食方面最好減少食用發酵過的乳製品、味精、醃製品和柑橘類水果。

② 吃東西最好不要太鹹、加太多鹽。

③ 刺激性的咖啡、酒也盡量少喝。

④ 正常作息，避免熬夜。

⑤ 頭暈時應避免開車或騎車，避免需要精細平衡的動作或運動。

建議回診科別

神經內科（如果年紀超過 **50 歲以上**，建議先看**神經內科**，先行排除引起頭暈的原因是否在腦部）、**耳鼻喉科**。

Q 頭暈為什麼常常反覆發作，都不會斷根？

　　如同前面所述，頭暈如果源自於老化、慢性中耳炎、或是因為腦部血流有阻塞，許多造成頭暈的條件形成後，就很難消弭，就像高血壓或糖尿病一樣，既有的條件形成後，必須要靠正常的作息，固定回診控制，來延遲發生的時間和嚴重度。

腦中風

親愛的小紅帽，爸爸有件關於愛與和平的任務，必須託付給你，請原諒老爸板起臉孔的嚴肅，這對所有家裡有老人家的家庭額外重要，當然也包括你最親愛的爺爺奶奶。那就是任何時候，請幫爸爸觀察他們有沒有腦中風的症狀。

腦中風是因為**腦子裡的血管突然塞住了**，所以症狀總是又急又猛。倘若發生，隨著時間的流逝，一個一個的腦細胞，就像乾枯的植物，沒有血液的滋養，逐漸的死亡凋謝。那邊消失的是 40 歲的回憶，這邊逝去的是順利享用一餐的功能，隨著時間的過往，他忘記怎麼微笑、遺失講個精彩絕倫故事的看家本領、忘記結髮的夫妻、忘記了兒女……，靈魂的深與廣，一點一滴隨著時間抽離，是一件非同小可的事！

大家應該都記得電視上的一則廣告，已故的資政孫運璿先生，在電視上分享他出血性腦中風的歷程，他是這麼說的：「各位親愛的父老兄弟姊妹們……，我的血脂肪高了，犯了半身不遂的毛病，不僅我個人痛苦，我家人也受累不少……，血壓病是可以防範的，每天要注意自己的血壓，量量血壓！」

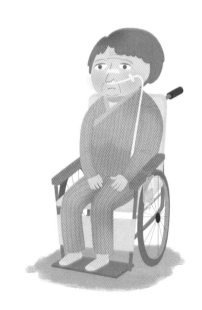

雖然孫資政在廣告裡強調的是「長期控制高血壓」的重要，但造成他半身不遂的原因，就是因為腦中風！腦中風送到急診室，依腦部電腦斷層的結果，可以區分為血塊塞住的「缺血性中風」；還有爆血管，血流到血管外出血的「出血性中風」。

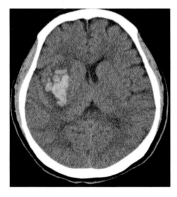

電腦斷層發現亮白的血塊

缺血性中風示意圖

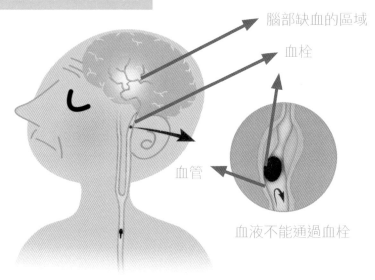

腦部缺血的區域

血栓

血管

血液不能通過血栓

❤ 腦中風後的黃金時間

腦中風有段極其重要的黃金時間，是中風後的 **3 小時內**！

如果電腦斷層確定是血管塞住的「缺血性中風」，即早到達醫院，就可能因即時治療，保存更多的功能；但如果是爆血管造成的出血性中風，腦部出血隨時都有生命的危險，當然也必須盡快送醫院。腦中風如果立即行動，中風是有機會治療的。

❤️〰️ 腦中風症狀

　　腦中風到底有什麼症狀，可以依下面的流程快速的判定，一旦注意到家人、朋友出現這些症狀，就應該立刻撥打 119，盡快送醫！

❶ 對照另外一邊，**嘴角是不是歪斜？**
請他跟著你笑一下，如果臉癱瘓，就不能把嘴角自然對稱的揚起。

❷ 雙手平舉，是否**一邊的手無力垂下？**
請他把雙手同時平舉到超過肩膀，保護好別讓他倒下，再請他閉上雙眼，癱瘓無力的手就會降下來或根本無法舉高。

❸ 請他說個**稍微有點困難的句子**，例如：「老狗玩不出新把戲。」有沒有口齒不清的情況？

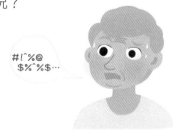

❹ 如果出現**任何一個**症狀，不要遲疑，**立即撥打 119**。

怎麼處理？

HOW TO DO

糖尿病的病人如果家中有血糖機，可以先驗一下血糖，如果血糖太低，先補充糖分（請參考 P180「低血糖的急救」）。

1 **告知**：立刻撥打 119。

2 **情況**：懷疑是中風。

3 **地點**：詳細的門牌地址，顯著的目標。

4 聯絡的電話和手機。

怎樣算嚴重？

只要有中風症狀，就是有生命危險的嚴重情況，症狀可以急轉直下，隨時變化，一旦有症狀，就應該立即送醫，千萬千萬不要延遲！

最後一次見到病人正常是什麼時候？

如果是早上睡醒時發現病人中風，就是前一天晚上見到病人入睡的時間；如果是吃飯中原本正常，突然發現病人中風，就是發作當時的時間，**時間點非常非常非常的重要**。

❤ 在急診會如何治療?

急診醫師會評估病人是否為腦中風,經確認後盡快安排電腦斷層,評估病人需要進行哪些治療,是否需要住院。

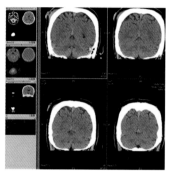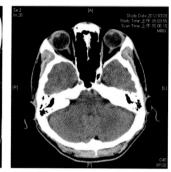

電腦斷層

❤ 就診時的注意事項

❶ 有沒有藥物過敏史?

❷ 過去有沒有糖尿病、高血壓、肝功能異常、癲癇(羊癲瘋)、腦腫瘤?

❸ 病人中風症狀出現時,有沒有**合併胸痛或是背痛**的症狀(如果是胸痛或背痛以後中風,**請一定要告知醫師**)。

❹ 有沒有發燒、意識改變?癲癇發作?

❺ 近一個月內有沒有頭部外傷、車禍?

❻ 有沒有服用**抗凝血的藥物**?

什麼事情必須做?

只要有中風症狀就要立即送醫!

什麼事情不該做？

經醫師評估前，不應該從嘴巴進食，因為中風最擔心的就是吞嚥障礙後吃東西嗆到，造成肺炎。另外，如果要移動病人，一定要小心摔倒，因為中風造成的肢體無力，會讓病人極易跌倒，跌倒時也沒有保護自己的能力，如果跌倒骨折的話，病人無力的情況會更難康復。

♥ 預防的方法

如同孫運璿資政的現身說法一樣，三高（血糖高、血壓高、血脂高）的病人，一定要長期穩定的控制，不能輕忽長期控制的重要性。

♥ 建議回診科別

神經內科、復健科

Q 是不是所有黃金 3 小時內發生的缺血性中風，都可以透過治療獲得改善？

使用打通血路的針（血栓溶解劑），需要一整套完整的評估，因為打通血路的針，雖然有機會改善中風後的功能，但同時**稍微增加腦出血的機會**，所以比較容易腦出血的病人不能打，只有通過安全性的評估後，才能使用打通血路的針。這樣的病人，在注射打通血路的針後，都需要住到**加護病房**，密切觀察變化。

Q 腦中風是不是一定要住院？

中風後尤其是 **3 天之內**，因為血管還在不穩定的狀態，中風的症狀可能隨時有變化，有可能越來越嚴重，都應該住院密切觀察。

Q 中風後住院可以改善症狀嗎？

中風後要住院的目的，在於**密切觀察症狀**，使用藥物**避免惡化**，因為造成失能的原因是血管阻塞，住院並不能改變這個情況。

Q 腦中風後血壓過高，是不是要吃高血壓的藥？

腦中風之後，因為血管阻塞，身體為了沖開阻塞的部分，於是**血壓會自然升高**。所以**中風後的一週內**，應該遵照醫師的指示，**不該貿然的吃高血壓藥降血壓**，血壓藥的使用須請教醫師。

！ 腦中風後的病情變化

中風的病人中，⅓ 的人症狀會逐漸改善，⅓ 的人症狀維持中風發生時的狀態，⅓ 的人會因為缺血的範圍變大，功能越來越差。
中風剛發生時，住院的最主要目的是穩定病情，等到病情穩定後，失能的部分要恢復，主要靠家屬支持、病人的毅力與努力，進行復健，或許可以從中風後的 60 分，進步到 80 分，維持自理的程度。

！ 一句重點

出現腦中風症狀，立刻送醫，黃金時間 3 小時，有機會治療。

過敏

電視上有段時間流傳著一個過敏兒無厘頭的廣告，過敏像是上天降下的懲罰一樣，讓一對曠男怨女沒辦法結合在一起，因為他們深怕把詛咒一樣的體質傳給小朋友。其實會過敏的朋友真的不用喪志，這是一種很常見的狀況，大約有1/5的人都曾經發生過敏的經驗，造成過敏的東西更是五花八門：海鮮、魚、蝦子、蛋過敏？一點都不稀奇，更悲慘的朋友可以對大蒜、洋蔥過敏，對陽光過敏、對運動過敏、對冷過敏。

對蝦子過敏的朋友大不了不吃蝦，但是對大蒜、洋蔥過敏的朋友，就算再怎麼百般小心，什麼時候會中招，吃到這些讓食物可口美味，香氣撲鼻的東西根本防不勝防。但是對大蒜、洋蔥會過敏的朋友，你們就最悲慘了嗎？想想那些對陽光過敏的朋友，終此一生生活在暗無天日的角落裡，就算是日頭炎炎，也不能穿著比基尼走在陽光下，全身包得緊緊的，一輩子不能被別人叫辣妹，這才叫悲慘。

筆者過去在非洲服役時，遇過一個對冷過敏的黑人女孩，雖然知道自己會對冷水過敏，百般小心的只使用溫水或是熱水，但有時走在路上，突然臨頭一陣大雨，女孩馬上就會腫得跟豬頭一樣，家人、朋友打了照面都認不出來，全身雨滴打濕的地方長滿紅疹，這才叫悲慘。終此一生，女孩都離不開赤道，只能在月曆上看阿爾卑斯山的雪。

❤ 成因

過敏的成因，是身體把這些日常生活中會碰觸到的東西，當成是危險物質，於是發動某一種白血球去攻擊它，所以在身體各處產生發癢的疹子。

很多人一輩子沒過敏過，但是體質這種東西難以捉摸，如同沒有永恆的青春，沒有不散的筵席一樣，人的體質會隨著年齡改變的，於是吃蝦從不過敏的你，可能因為某次吃蝦陰溝裡翻船，所以就算不曾過敏，我們對身邊會過敏的朋友一定要保持同理心，誰知道下一次眼皮腫、癢到快抓狂的會不會是我們。

！是過敏？或食物中毒？

過敏是體質問題，如果一起吃了同個東西，只有你有起疹跟發癢，那就是過敏；如果吃了同一個東西，大家都有事，那就是中毒。

HOW TO DO

預防是過敏最重要的處理，預防說起來很簡單，但是要做起來卻很難，就是「**不要接觸到會讓你過敏的東西**」。

過敏發起來的時候，要**多喝水**，幫助過敏原的排除；身上特別癢的地方，或是特別腫的地方，可以**冰敷**（除了那些會對冷過敏的朋友以外），但是相反的，洗熱水澡，或是在濕熱高溫的環境，癢或是發疹的情況就會更嚴重。如果奇癢難耐，可能就需要來急診室治療。

💓 怎樣算嚴重？

過敏有個重要的概念，就是「**越嚴重的過敏反應，會越快發生**」！通常在 **30 分鐘之內**，就產生過敏反應，應盡早到急診室；反過來說，如果過敏的症狀隔了很久才發生，通常就不會是太嚴重的過敏反應。

對急診醫師而言，真正嚴重的病人，是那些會覺得**喘、氣促、胸口痛**；或是**頭暈、全身無力、低血壓**的過敏患者。

另一種危險病人，是在**嘴唇、眼白、舌頭**這些黏膜**發腫**的病人，因為喉嚨和呼吸道可能如同這些顯露在外的部分一樣，正在逐漸腫脹著，暗地裡無聲無息，卻漸漸的快要壓迫到呼吸道，須盡快來急診室。

最後是在丘疹如果發出**血色水泡**，這代表過敏侵犯的範圍部分很深層，也是需要來急診室的情況。

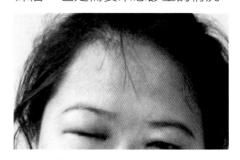

過敏造成眼皮浮腫

💓 症狀

在身體各處「浮現」像是詛咒一樣的紅疹，**奇癢無比**，讓你在暗夜中睡不著覺，卯起來想抓癢，孤單時會抓狂。這種紅紅的疹子會像小土丘一樣腫起來，中央的部分看起來比較白，摸起來質地有點粗糙。

尤其在身體的**皺折處**、鬆緊帶、皮帶、還是衣服比較緊身的地方會更明顯，拿起筆來在皮膚上輕輕刮一道，沒有幾分鐘就會膨出一道鞭痕，這個漫天蓋地的癢，好不容易這邊的紅疹消了，馬上在另一邊又冒出來。

！是 過 敏 ？或 蜂 窩 性 組 織 炎 ？

過敏和蜂窩性組織炎都同樣是身上的紅疹，但蜂窩性組織炎是局部性的，通常從傷口處蔓延擴散開來，主要的特色是「紅、熱、腫、痛」，有時會合併發燒。

💓 在急診會如何治療？

急診室會最優先處理發生**呼吸困難、休克、或是意識不清**的過敏病人。如果造成呼吸困難，除了立即施打抗過敏藥物外，可能考慮插幫助呼吸的呼吸管，因為過敏是一個急性的症狀，除非病人本身就有慢性的肺病，不然，通常幾個小時或是幾天之內，等到過敏症狀改善之後，就能夠拔掉呼吸管。

過敏的藥物，可以透過打針或是吸入蒸氣的方式進入人體，依照病情的不同，需要施打的藥物種類也不同。打抗過敏針，有的人會有**頭暈和想睡**的藥物副作用，不過只要多喝水，通常過幾個小時就可以恢復正常。

❤ 就診時的注意事項

1 告知過敏的藥物或是食物。

2 告知醫生吃過敏藥物或物質的時間。

什麼事情必須做？

1 **多喝水**，幫助過敏原排除。

2 在太癢或是太腫的部位**冰敷**。

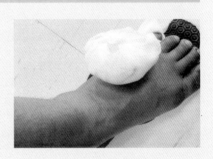

什麼事情不該做？

1 除了避免高溫高熱的環境，不要洗熱水澡外，最重要的事情當然是避免過敏原，例如吃蝦會過敏的朋友，千萬不要安慰自己說，是因為吃到不新鮮的蝦才過敏，新鮮的還是可以吃，因為過敏嚴重起來，如果產生過敏性休克或是咽喉水腫，可是會死人的，千萬不要為了一隻蝦玩命！

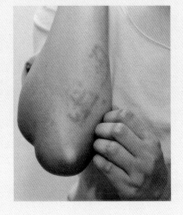

❷ 在接下來的兩三天,吃東西也變成一種藝術,有些食物,本來平常不會過敏,但是吃進這些東西,可能會讓身體的過敏體質被激活,所以也要忌口:

✗ 刺激性的東西,如煙、酒、咖啡、太辣的食物

✗ 奶、蛋、海鮮

✗ 豆類,如花生

✗ 軟質的水果,如奇異果、草莓、芒果

❸ 愛美的女性,記得讓皮膚放幾天假,如果這時候打上厚厚的粉底,或是動用 BB 霜來掩飾這些毀滅性的紅疹的話,因為化粧品裡的添加物五花八門,就容易讓情況變得更加嚴峻,不可不慎!

❹ 過敏的皮膚,對於光照也會比較敏感,建議帶帽子或是穿一些通風涼爽的衣服遮陽,但是避免使用防曬乳,這些製品一樣有很多不利過敏肌膚的添加物。

❤ 建議回診科別

免疫風濕科、皮膚科、一般內科

Q 有什麼方法可以根治過敏?

可以先到免疫風濕科或皮膚科進行過敏原的鑑定,再針對過敏原進行長達兩年的減敏治療,需要堅持到底的過人毅力。

過度換氣症

我們現在來假設幾種情況，來解釋過度換氣的成因。場景1：在課堂上，老師非常的嚴肅恐怖，他問了一個問題，似乎所有的人都應該知道答案。「回答得出來的，這學期滿分；答不出來的，這堂課就當掉！」但是偏偏你並不知道。你吞吞口水，不敢迎向老師的目光，低下頭，覺得呼吸有點困難，聽到自己心臟「撲通、撲通」的狂跳，手心微微出汗、有些發冷……

場景2：沒有聲音。廁所門板底下也・沒・有・腳！讓人發麻的情境持續下去，讓你的呼吸越來越急促！你試著讓自己平靜下來，但那種吸不到空氣的感覺卻越發明顯，讓人控制不了。一抬頭，一顆頭懸掛在門板上！吐著長長的舌頭，淒厲的對你說：「你・有・沒・有・衛・生・紙……。」

讓人「挫屎」的恐怖氛圍讓你呼吸越來越快，嘴巴和手腳真實的麻痛起來，甚至抽筋、糾成雞爪的模樣，好像被人丟進外太空，用保鮮膜包住了口鼻，再用力呼吸也吸不到一絲空氣。

過度換氣就是這樣！感覺起來非常要命，卻不會造成生命危險。通常都會有一種讓人很緊張、或是情緒激動的情境誘發，讓本來完全正常、沒有不舒服的身體，突然進入這種「吸不到氣，就更用力、更急促想吸氣」的鬼打牆裡。

❤️ 成因

　　過度換氣雖然會讓人覺得缺氧（吸不到空氣的感覺），但因為呼吸道和肺部都是**健康的**，所以**氧氣充足**，是因為**呼吸的速率過快**，造成**二氧化碳的濃度下降**，所以引起諸多不舒服的感覺。

！過度換氣好發族群

通常發生在年輕人，女性比較常見，或是心臟瓣膜脫垂的病人。不但老人家見過大風大浪，遇到充滿壓力的場面比較少會發生過度換氣，所以老人家如果突然喘起來，通常要先檢查有沒有其他內科疾病，譬如說心臟或肺部的問題。

❤️ 怎麼處理？

HOW TO DO

最重要的第一步，是**離開壓力的情境**。譬如說離開爭吵的現場、避開會感到壓力的特定對象，移到通風、陽光普照、或讓人心情平靜的地方。

請需被幫助的對象像氣功吐納一樣，**慢慢地吸氣吸飽到不能吸了再吐**，慢慢地吐到最後一絲氣盡了再吸，**慢而規律的呼吸**，語氣不要兇巴巴的，引導的重點就是要慢不要急，最好像深夜的廣播節目主持人一樣，溫柔而充滿磁性。

告訴他或她，我們現在已經離開剛剛那個情境了，會讓你不舒服的人已經離開了，我會在你旁邊幫忙你，你現在很安全（請視情況自行發揮，總之就是要讓對方認知自己安全了，不會受到威脅）。

過度換氣的主要問題，就是**吐氣的速度太快**，把身體的**二氧化碳都吐光了**，雖然人體一點都不需要二氧化碳，但是二氧化碳快速的排出體外，會讓血變成鹼性，於是產生抽筋和發麻。

（咦？我媽說我身體就是太酸，蚊子才會猛咬我，平常我吐氣吐快一點，是不是就能改善體質？只是很抱歉，這種情境產生的血液酸鹼變化，只能維持數分鐘的時效，不能長遠的改變體質。）

通常只要**離開受到壓力的情境**，經過引導**減緩呼吸的速度**，心情放輕鬆，過度換氣就可以逐漸改善。

7 - 11 的呼吸法則

使用 **7-11 的呼吸法則**，你看著自己的手錶讀秒，請被施救者**吸氣 7 秒，然後吐氣吐 11 秒**；如果可以，漸漸拉長吐氣的時間，甚至拉長到吸氣 4 秒，然後吐氣 12 秒。

如果手邊沒有時鐘、也沒有手錶，你可以用下面這個方法讀秒：吸氣「1001、1002、1003、1004、1005」（數 1001 ～ 1005，差不多 7 秒）。然後說吐氣「1001、1002、1003、1004、1005、1006、1007」（數 1001 ～ 1007，差不多 11 秒）。

（說一千零一、一千零二……，或是說一零零一、一零零二都可以，多數這個一千的目的是要拉長讀秒的時間，不會因為讀秒者心急或緊張數太快，越數越快。）

怎樣算嚴重？

　　過度換氣本身沒有生命的危險，但是如果過度換氣的情況在離開壓力的情境後，利用上面敘述的方法處理，始終沒有好轉，就應該考慮是不是有**合併其他的內科問題**，需要醫生的評估。

什麼時候該去急診室？

　　除非你本人就是引起病人過度換氣的對象，如果上述的方法使用了5～10分鐘，病人不舒服的情況始終沒有好轉，就可能需要醫生評估，病人呼吸困難是否因為其他內科的情況所引起。

注意事項

如果發生過度換氣症狀是老人家，或是本身就有慢性內科問題的老人，如糖尿病、氣喘、心臟病，就不應該當成過度換氣，應該由醫生評估喘的原因。

在急診會如何治療？

　　急診醫師最重要的工作，就是要**確定病人呼吸困難的原因，不是因為其他的內科問題所引起的**。如果確定是過度換氣，視情況可以使用口服或是針劑來讓病人放鬆。在急診室留院觀察到症狀消除後，通常就可以返家。

❶ 告知醫生、護士有無藥物的過敏史，孕齡的女性應主動告知有沒有懷孕的可能，部分的鎮靜藥物並不適合使用在孕婦身上，也不適用於哺乳中的媽媽。

❷ 告知有無糖尿病、心臟病、發燒、感染、氣喘等慢性病。

❸ 告知近一個月內有無**開刀**（尤其是**全身麻醉**）、**骨折**、打石膏固定、**長途飛行後**剛下飛機（有深部靜脈栓塞的可能）。

什麼事情必須做？

離開受到壓力的情境，幫助被施救者穩定情緒，並且放慢、延長呼吸的速率。

什麼事情不該做？

❶ 不要再刺激被施救者，會加重症狀。

❷ 不應該用塑膠袋或是紙袋罩住口鼻。

過去有很長的一段時間，在電視影集都會看到過度換氣的病人用紙袋罩住自己的口鼻，目的是為了把吐出去的二氧化碳留在袋子裡，下一次吸氣的時候吸進去，維持身體的二氧化碳濃度。但是目前已經**不建議**使用這種方法，除了可能讓已經過度換氣、不明究理的人更加驚慌之外，持續使用也有造成窒息的例子。

預防的方法

1. 作息正常、避免熬夜、避免產生壓力的情境、避免刺激性的東西，如煙、酒、咖啡、或是搖頭丸、拉K、安非他命等毒品。

2. 適當而健康的發洩自己的情緒，並且多運動、到戶外走動、幫助別人、做公益。

建議回診科別

通常不需要回診，也不需要定期使用藥物，但是如果本身有恐慌症，或是多次發作，可以到精神科（身心科）去治療或幫忙壓力的排解。

一句重點

用冥想或是任何可以脫離情境的方法，節律的調整呼吸。現在已不建議用塑膠袋或紙袋罩口鼻。

癲癇

親愛的小紅帽，那天在路上看到一個可愛的姊姊，她突然大叫一聲，然後倒下來，全身不停的抽動，口吐白沫。妳嚇壞了，不曉得姊姊發生什麼事情，很擔心她。

癲癇的患者因為疾病可能不定時的發作，對病人本身和家人都有不小的心理負擔，絕大部分的時候，他們跟我們完全一樣，充滿著愛與熱情，對人親切，也許更加的善解人意，但是為了融入這個社會，期待被正常的看待，他們遠比我們付出更多的努力。

在講到癲癇，老爸要介紹一位羅馬歷史的名人——凱撒大帝。雄才大略的凱撒大帝，是古代羅馬帝國傑出的軍事和政治家，一手建立了羅馬帝國橫跨歐亞非三洲的強盛版圖。在莎士比亞的劇作「凱撒大帝」（Julius Caesar）裡，描述凱撒在市集裡昏倒，說不出話來，口吐白沫的一幕。莎翁把這個疾病稱為「昏倒病」。其實這是癲癇發作，因為大腦不正常放電，所以凱撒無法說話，口吐白沫。

❤️ 成因

大腦不正常的放電，造成無法控制的吼叫和肢體痙攣抽搐。

💓 怎麼處理？

HOW TO DO

1 當目擊癲癇發作時，因為病人沒辦法控制自己肢體的痙攣，肌肉會不能控制的收縮，除了聯絡 119 之外，最重要的是在旁邊注意，**避免病人摔倒或撞到頭。**

2 **鬆開病人脖子**上，包含第一格鈕扣或是領帶、絲巾的束縛物，這可能會勒到他的脖子，讓他呼吸困難。取下眼鏡，拿掉這些容易碎裂，傷害到病人的東西。

3 癲癇發作時，因為胸部或頸部的肌肉快速的收縮，病人會發出喊叫或痛苦的聲音，這**不代表病人正在受苦**，這是因為大腦不正常放電，造成肌肉無法控制的擠壓出聲，不必因此驚慌失措。

4 移開可能讓病人受傷的物品，協助病人躺下，如果有枕頭、毛巾或是被單的軟物，墊在病人身側和頭側作保護，癲癇發作中不要輕易的移動病人。

5 幫助病人轉成**側躺**的姿勢，用自己的身體和手護在病人身體的前後，限定病人可以移動的空間，但是不要霸王硬上弓一樣強壓著他，也不要限制他不能控制的手腳。

擺成側躺固定不滾動的姿勢

173

6 讓病人側躺，避免他被自己的口水或嘔吐物嗆到，**絕對不要塞東西到他的嘴裡**，直到意識恢復清醒或救護技術員到場處理。

！ 記錄癲癇

拿起你的手錶，注意病人癲癇時的症狀，是從肢體的哪邊開始不自主的動，有沒有失去意識，抽搐的時間有多久？

7 在癲癇發作完，病人**常常都會有一段昏迷或是意識不太清楚的時間**，也許 10 ～ 20 分鐘，他可能沒有保護自己的能力，在他完全可以正確的應答前，**不要離開他**。

8 如果癲癇**超過 5 分鐘**，或是癲癇完又**再次發作**，或是**超過 15 分鐘未清醒**，盡快打 119 送醫。

💗 怎樣算嚴重？

如果癲癇在 5 分鐘之內沒有自行停止，或是抽搐完，意識還沒清醒，又再次癲癇發作，就可能會傷害到腦部，必須盡快送醫。另外，如果病人有喘不過氣來，嘴唇或臉發紫或發黑，也必須立刻送醫。

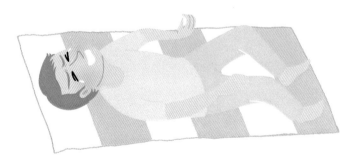

身體不自主的規律
抖動、失去意識

❤️ 什麼時候該去急診室？

癲癇發作，因為有短時間之內再次發作的機會很高，除非經醫師指示，都應該盡快送醫。

❤️ 在急診會如何治療？

① 對於第一次發作癲癇的病人，急診處理的重點在於確認發作的原因，會診神經內外科的專家。

② 對反覆發作的病人，最重要的是**找出反覆發作的原因**，包含沒有好好吃藥，因發燒感染刺激到腦部，或有新發生的中風等。

❤️ 就診時的注意事項

① 除了藥物過敏史，孕齡女性有沒有懷孕，剛生下寶寶的媽媽是否哺乳？（在懷孕的女性，可能因為懷孕發生癲癇，這是危及性命的情況。）

② 是第一次嗎？

③ 過去有沒有癲癇的病史？有沒有服用癲癇藥物？服用哪一種藥物？有沒有按時服藥嗎？

④ 有沒有糖尿病？

⑤ 是否經常喝酒？

⑥ 最近有沒有發燒？頭痛？

⑦ **近一個月內頭部有沒有外傷？或車禍？**

⑧ 腦部有沒有開過刀？有沒有腦腫瘤？

什麼事情必須做？

當目擊癲癇發作時，最重要有兩件事，第一就是**確保病人的安全**，讓他躺在安全柔軟的地方，同時一邊用地面、自己的手和身體，形成一個三角形的空間，限定病人在這個安全的區域內，但不要壓制他的抽動。

第二就是等到發作結束後，讓病人**側躺**，避免他的嘔吐物或是口水嗆到他自己，大部分的癲癇發作在 5 分鐘之內就會結束，等待 119 救護員的到來，並且不要離開病人身邊，因為他沒辦法保護自己。

！癲癇發作的觀察重點

- 目擊癲癇，發作時是先右邊或先左邊開始抽搐？眼睛看向哪邊？
- 癲癇持續多久？只有一次嗎？
- 發作中有沒有摔下來？有沒有撞到頭或身體？
- 發作完有沒有失去反應？
- 有沒有喘不過氣來，**臉發紫或是發黑**？

什麼事情不該做？

千萬不要像電視演的那樣，把襪子或是硬物塞進癲癇發作病人的口中，這不但無法保護病人的舌頭或牙齒，反而容易造成自己受傷，也可能讓病人嗆到或阻塞到病人的呼吸！

在病人清醒以前，**不要餵食或讓病人喝水**。如果病人醒了，請陪著他，**不要讓他自行離開，也不要讓他開車或騎機車**，因為癲癇可能隨時會再度發作，最好趕快送醫。

① 癲癇的病友要隨身攜帶癲癇的**識別卡**，可以在第一時間讓別人了解你的狀況，並且保護你的安全。

② 讓你的家人或親近的朋友，甚至是工作的同事，明白你的身體狀況，並且對癲癇的處理有基本的概念，幫助你避免工作機器的傷害（譬如說工地、切割機），如果有必要，攜帶保護安全的安全帽或是護具、救生器具，以免發生悲劇。

③ 在癲癇頻繁發作的時候，避免單獨一個人從事可能發生危險的運動，例如：騎腳踏車、划船、騎馬射箭（會不會射到別人？）、打保齡球，保護自己也保護別人。

④ 正常作息、避免熬夜、避免刺激性的東西，如酒、毒品，酒精或刺激性的東西可能會讓癲癇更加容易發生。

⑤ 如果你已經在使用抗癲癇的藥物，遵守醫生的藥物使用，**不要自行調整**，因為您的藥物都是針對您本身的癲癇種類和您的體重開立，太輕或太重的藥物都會造成癲癇控制的問題。

⑥ 因為抗癲癇藥物比較容易與其他的藥物產生交互作用，在就醫時應該主動出示您所使用的藥物，可以確保用藥的安全。

建議回診科別

神經內科、神經外科

Q 癲癇是精神病嗎？

癲癇不是精神病，在沒有發作的時候，病友的意識和反應都跟我們無異，一樣會感到快樂或悲傷，可能會更體貼或更封閉，需要我們更溫柔的對待。

在癲癇發作時，病人會不由自主的做出一些動作，發生怪叫聲，但跟所有在場的其他人都一樣無辜，大腦的異常放電讓他無法控制，卻要承擔不知情人士的異樣眼光。

! 一句重點

目擊癲癇發作時，記得除了請人打 119 外，最重要的是在旁邊保護他，避免他受傷。

癲癇處理要點

鬆開脖子的束縛物、拿掉眼鏡，讓病人安全的躺下，在頭部下墊軟物，以手錶或時鐘記錄發作的時間，如果**發作超過 5 分鐘、再次發作、喘不過氣、超過 15 分鐘沒清醒**，要盡快送醫

將病人**轉向一邊**，避免嗆到口水或嘔吐物

好好**保護病人**，直到他／她完全清醒，或是有人接手為止

低血糖的急救

當你深陷一個苦思不得其解的案子，專注的工作一段時間後，猛然抬頭看了一下時間，發現早過了用餐時間，餐廳都打烊一個小時了，翻箱倒櫃的結果，最後一包泡麵也不曉得被哪個缺德鬼吃完了，只剩穿梭在廚櫃裡，仍然頑強的小強用觸鬚與你渙散的眼神對望。

這時肚子咕嚕一聲抗議，眼冒金星，頭暈腦脹，緩緩伸起手掌，卻看到手指在發抖，無力的垂下，每個人都會覺得自己低血糖了。

只要把太久沒吃東西和現在的不舒服聯想在一起，不管是頭暈、站起來的時候眼前發黑、或是手抖、頭痛，大家都會想到「低血糖」，但是如果本身沒有糖尿病，拿血糖機來驗一下，或是到醫院抽血檢查，血糖往往都是正常的，其實只是肌餓加上疲勞。

這是因為健康的人體，會充滿效率的使用糖，就算血液裡的糖不夠了，肝臟還有備用的肝醣可以分解，正常的血糖，如果只是空腹一兩餐，都不會低到70（毫克/分升）以下。

正所謂「最安全的地方，就是最危險的地方」，糖尿病的患者，再怎麼想也覺得自己是高血糖，每天吃血糖藥、打胰島素，朝思暮想的就是血糖降下來，卻萬萬沒想到，**低血糖和高血糖同樣危險**，而且低血糖的症狀可以來得又猛又急。

當透過機器檢驗，血糖低於 70（毫克 / 分升）以下，就叫做低血糖。低血糖通常發生在本身有糖尿病，有吃血糖藥或是打胰島素的病人，一般人極少無緣無故的低血糖。糖尿病人的血糖需要長期穩定的控制，如果不好好控制，長期下來會造成腎臟和眼睛的病變，甚至最後需要洗腎、或是出現需要截肢的併發症。

一般人都認為糖尿病的問題就是血糖太高，其實最主要的問題，是**器官裡細胞使用糖的能力變差**，即使吃完東西後，血液裡的血糖很高，糖卻始終進不到細胞裡，看得到吃不到，細胞一直在挨餓。

➕ 低血糖的認定

低血糖的定義是血糖低於 70（毫克 / 分升），所以血糖如果超過這個數值，身體上的不舒服，就不能認為是低血糖引起的，而**應該尋找其他的原因**，譬如說在烈日參加朝會站很久的人暈倒，就可能是中暑（**熱暈厥**）；或者是劇烈的爭吵以後突然頭暈、手抽筋，就應該考慮過度換氣。

而血糖藥或是胰島素會增強讓細胞使用糖的能力，但藥物只管有沒有用，卻沒辦法聰明的知道吃藥的人血糖已經不高，所以一旦開始吃血糖藥或是開始打胰島素，就可能面臨低血糖的情況。**病人本身、家屬和朋友，必須對低血糖的症狀和急救方法有充分的認知和了解。**

既然血糖藥和胰島素是長期固定在吃的，為什麼大部分的時候沒事，有時候卻會造成低血糖呢？所以事出必有因，無風不起浪，低血糖通常發生在最近食欲不好，或是按時吃血糖藥、打胰島素，卻因為**胃口不好**，甚至**空了一餐沒吃**的時候；或是做**太超過體力的運動**等。

極少部分不曾有過糖尿病的人，會因為胰臟的問題造成低血糖，譬如說胰臟長腫瘤，反覆慢性的胰臟發炎（酗酒的朋友們小心了），也會造成胰臟分泌胰島素的細胞消耗殆盡，造成糖尿病。

HOW TO DO

是不是低血糖？有疑問，先當成是低血糖治療！

正因為低血糖的症狀（頭暈、冒冷汗、手抖、肌餓感、嗜睡）可能發生在很多其他的狀況中，所以有吃血糖藥或是打胰島素的病人，最好在家裡準備一台血糖機，養成**固定餐前量血糖的好習慣**；如果身體不舒服，立刻量一下血糖，就知道是不是低血糖造成的。

如果糖尿病病人出現低血糖症狀，手邊又沒有可以量測的血糖機，在給不給糖充滿疑惑、進退兩難時，最好的辦法就是「**當成低血糖**」處理，就因為低血糖發生症狀以後，可能很快就會陷入昏迷，所以越早給糖越好；反過來說，絕大多數的急症，不會因為多給了糖而造成立即的危險。

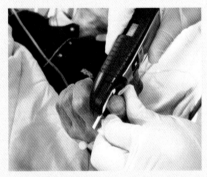

糖尿病人最好養成定時測量的習慣

給糖 15 克，觀察 15 分鐘（意識清醒的情況）

如果病人的意識都很清楚，可以立刻吃一些含糖的食物，例如糖果、果汁或是熱量高的汽水（不可以是使用代糖的健怡可樂），**不要吃巧克力或是冰淇淋**，因為這些東西含脂肪高，**消化慢**，不容易變成馬上可以利用的葡萄糖。

標準的選擇是 **15 克的葡萄糖**，藥局都有賣的葡萄糖錠 4 錠，或是方糖3 顆，汽水（不可以喝健怡可樂）或是果汁 180c.c.，**脫脂或低脂的**牛奶250c.c.（全脂牛奶難消化，轉換成可以使用的糖分比較慢）。

補充糖後 **15 分鐘**，低血糖的病人都會因為血糖升高而**症狀改善**，就可以確定症狀是不是低血糖引起；如果症狀沒有改善，就應該立即就醫，尋找其他的原因。如果離下次用餐的時間超**過 1 個小時**，就建議進食一次主餐，或是一份**含蛋白質的食物**，如鮪魚吐司，或是餅乾配牛奶。

❤ 如果在這期間陷入昏迷，立刻打 119 送醫

如果病人昏迷了，沒辦法自己吃東西，可以擠一點**膏狀的糖漿**，或是用**手指沾糖粉，抹在牙齦和病人的舌頭下**，這些東西可以確保留在舌頭底下不會亂跑；但是不要塞一整顆的糖到嘴裡，糖可能在移動的過程裡讓病人噎住，卡在呼吸道；

也不要灌糖水或果汁，因為病人昏迷，容易嗆到，變成肺炎。

此時立刻撥打 119，緊急送醫，如果病人有準備升糖素的針劑，盡快打升糖素。

升糖素怎麼打？

升糖素是藥粉和藥水分開，通常需要放在**冰箱裡冷藏**，使用時用針筒先抽藥水，把藥水打進裝藥粉的罐子，搖勻後再用針筒抽出來，打入病人的肌肉層，效果如同喝砂糖水或蜂蜜水，適用在低血糖意識昏迷的病人身上。

打肌肉的位置可以選**大腿或手臂**，當病人昏迷躺平時，手伸直能自然摸到的大腿前面，就是可以施打的位置；或是平常打疫苗時護士打的手臂位置。**打的深度差不多 1～2 公分左右**，肌肉的觸感比脂肪硬實，摸摸自己像健美先生一樣弓起的小老鼠（二頭肌），就是這種觸感。

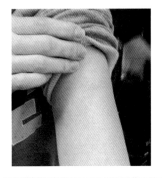

隨著血糖越來越低，身體會出現**頭暈、冒冷汗、手抖、肌餓感、嗜睡、或是行為反應怪怪的症狀**，如果不立即補充糖，可能就會陷入昏迷，因此低血糖必須當成嚴重的狀況，需要立刻的處理！

! 低血糖造成癲癇？

如果發生癲癇（大腦的糖分太低會引發癲癇），**不要**為了避免病人咬到舌頭，**胡亂塞東西到他的嘴巴裡**，只要守在他身邊，讓他側躺，不要讓他摔倒或撞到頭（請參考 P172「癲癇」），等待 119 到來，並且盡快使用 P183 的方法幫病人補充糖分。

在等待救援的這段期間，把病人擺成**側躺**，利用他的腳成弓箭步固定他的身體，把他的臉枕在他自己的手背上，避免他滾動摔落，或是被自己的嘔吐物嗆到。

如果陷入昏迷，就需要立刻送醫。或是補充糖經過 15 分鐘後，症狀沒有改善，應該就醫查明原因。

❤️ 在急診會如何治療？

急診最重要的是確認昏迷的原因，如果真的是因為低血糖引起，就會用點滴補充濃度高的葡萄糖，並且每隔幾個小時，確認血糖是否穩定。另外，是要找出低血糖的原因，如果是因為感染，就必須同時治療，感染時身體會處在一種壓力的環境下，會讓血糖高高低低的難以控制。

❤️ 就診時的注意事項

除了藥物過敏史和孕齡女性有沒有懷孕之外：

1 服用血糖藥多久了，是否有按時服藥？藥粒的顆數對嗎？有沒有多吃？

2 最近有沒有嘔吐、拉肚子、或發燒？

3 這一週內有沒有發生過低血糖？

4 上一次用餐的時間是多久以前？

什麼事情必須做？

1 服用血糖藥或打胰島素後半小時內，應該要用餐或吃東西，用餐定時定量，養成固定適量運動的好習慣。

2 回診拿血糖藥時，應該主動告知醫生這段期間發生低血糖的次數，最好養成固定三餐飯前和睡前驗血糖的好習慣，做為醫師調整血糖藥或胰島素的參考。

3 **夜間到第二天睡醒前，是空腹時間最久的一段時間，**比較容易發生低血糖，如果睡前血糖低於 **110**，吃一份點心再入睡。

④ 低血糖要檢視造成的原因，是否進食量不夠？是什麼原因食欲不好？藥物的數量吃得對不對？有沒有因為忘記重複吃血糖藥？還是因為工作造成太久沒吃東西？或是就診時與醫師討論，找到確切的原因，修正改進，才能避免下一次發生的機會。

什麼事情不該做？

① 不要空腹吃完血糖藥就去運動，最好等到運動回來，**準備吃早餐前再服用血糖藥**，比較不容易造成低血糖。

② 不要對不熟（不了解病情）的人打胰島素：雖然電視上都有演，患有先天性糖尿病的小明因為血糖太低，被路人打開他的公事包，找到胰島素的空針，馬上在小明身上打針，小明就奇蹟似的醒了。但這真的是奇蹟，因為被打胰島素的小明，血糖只會繼續探底，讓只能仰賴葡萄糖當養分的大腦，陷入萬劫不復的昏迷。

③ 病人昏迷了，**不要塞東西到他的嘴裡**，不管是強塞固體（會噎住）或液體（會嗆到），都可能造成呼吸困難或是吸入的肺炎。

④ 如果因為低血糖發生了癲癇、抽搐，不要強壓住病人，也不要為了怕他咬到舌頭，把東西強塞進他的嘴巴，只要讓他側躺，不要讓他摔倒。

糖尿病的人如果昏迷，先給糖，當成低血糖處理！

預防的方法

❶ 記住自己低血糖的**警告症狀**，每個人的低血糖症狀不盡相同，如果有類似的症狀出現，就可以盡快補充糖分。

❷ 早上出門運動時，不要空腹吃完血糖藥就去運動，最好等到運動回來，準備吃早餐前再服用血糖藥，比較不容易造成低血糖。

❸ 如果運動量比較多，或是正餐因為事情耽擱了，至少要先吃一些點心。

❹ 在固定的時間吃血糖藥、打胰島素，用餐定時定量。如果沒有胃口，吃不下，最好先驗過血糖，確定血糖超過。

❺ 告訴常陪伴您的家人、朋友，你可能會有低血糖的情況，告訴他們遇到時應該如何處理。

攜帶識別卡

隨身攜帶糖尿病的識別卡，如果不幸昏迷，醫護人員或 119 救護員可以馬上發現你有糖尿病，並快速的給予必要的治療。

隨身攜帶可快速補充的糖

有曾經發生過低血糖的病人，都應該隨身攜帶可以快速補充的糖包、糖錠或糖果，以備不時之需。

建議回診科別

內分泌科（新陳代謝科）、一般內科

低血糖處理要點

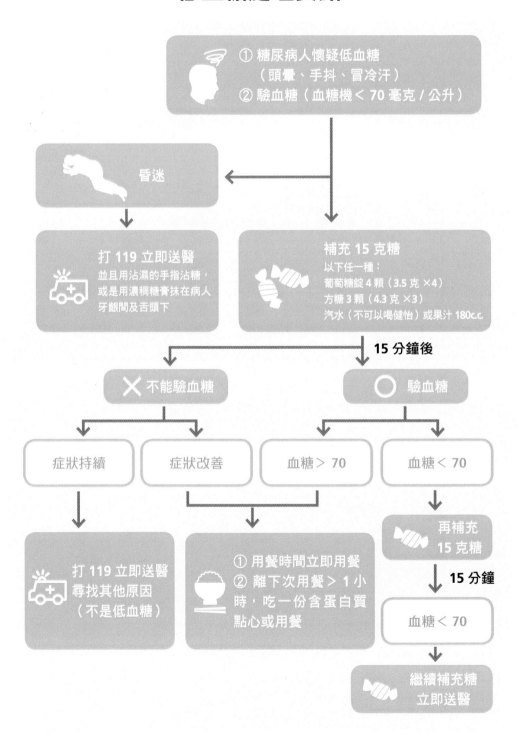

① 糖尿病人懷疑低血糖
（頭暈、手抖、冒冷汗）
② 驗血糖（血糖機 < 70 毫克 / 公升）

昏迷

打 119 立即送醫
並且用沾濕的手指沾糖，
或是用濃稠糖膏抹在病人
牙齦間及舌頭下

補充 15 克糖
以下任一種：
葡萄糖錠 4 顆（3.5 克 ×4）
方糖 3 顆（4.3 克 ×3）
汽水（不可以喝健怡）或果汁 180c.c.

15 分鐘後

✕ 不能驗血糖

○ 驗血糖

症狀持續

症狀改善

血糖 > 70

血糖 < 70

打 119 立即送醫
尋找其他原因
（不是低血糖）

① 用餐時間立即用餐
② 離下次用餐 > 1 小
時，吃一份含蛋白質
點心或用餐

再補充
15 克糖

15 分鐘

血糖 < 70

繼續補充糖
立即送醫

血壓高

血壓升高是身體面對情緒或不舒服的自然反應，是一種結果，所以重要的是，**注意身體有沒有不舒服的症狀**，譬如說頭痛、胸痛、背痛、腰痛、牙痛。因為電視劇的耳濡目染，很多人都擔心血壓太高會中風、會心臟病，但這是長時間沒有控制血壓的結果，不會因為一兩天的血壓超標而發生。有一些少數的情況，是因為身體控制血壓的能力突然出現問題，血壓不自然的一直上升，就需要立即的就醫，用藥物降血壓。

❤ 成因

除了身體不舒服、失眠壓力大外，血壓升高最常見的原因是原本就有高血壓的人，長期服用高血壓藥後，**突然的停藥或是換藥**。懷孕後的高血壓，因為血壓升高與懷孕有關，但是懷孕到一半，是無法改變的狀態，血壓有可能失控的上升。另外，就是使用一些毒品，如安非他命、古柯鹼。

❤ 多數的情況下，血壓升高，一點感覺都沒有！

一旦感覺到不舒服，很多人第一個直覺反應就是去量血壓。血壓是量得到、看得到的數字，在不舒服的時候量血壓，結果往往都不出所料，血壓果然偏高。

「喔——！」這一定是血壓高，所以人不舒服，每個人都會這麼想。但是血壓很跟著感覺走的，當我們喜怒哀樂的時候，當我們身體不舒服、失眠、有心事、心不安，血壓都最直接的反應出我們最藏不住的情緒。

💗 怎麼樣算是高血壓？

講這件事前，先讓我們想想，高血壓究竟有什麼問題？講到高血壓，我們都會聯想到高血壓容易中風、心臟病、腎臟病，可是歸根究底，與其說高血壓是一種疾病，不如說是一種狀態，供應身體器官的血管，**長期在壓力過高的狀態下**，像水管長時間過量的承載高壓，就容易在一些水管轉折的地方，壞掉或爆開一樣。

明白了這點，我們就可以回答，血壓如果暫時的升高，會不會有問題？失眠的人好好放輕鬆，調整好健康的作息；疼痛的人找到疼痛的原因，治療好不痛了，血壓自然就會從波濤洶湧的狀態，平靜下來，這是因為血壓升高，是不舒服而產生的「結果」，而不是原因。

因此高血壓真正會產生中風、心臟病、腎臟病的原因，**是因為長期放任血管的壓力過高**，這樣才會有問題！當血壓超過了 140/90 毫米汞柱（mmHg），就算是醫學上定義的高血壓。

❗ 血壓的理想狀態

血壓最理想的狀態，是 **120/80 毫米汞柱**，超過這個數值，即使還沒有超過 140/90 毫米汞柱這個門檻，都應該看作一個血管壓力過高的警訊，要在作息和生活上做一些調整，或是多多運動強身，讓自己更健康。

怎麼處理？

HOW TO DO

第一件事就是先問有沒有症狀？血壓升高但是**沒有**不舒服的症狀，其實只要放鬆心情，讀一本書、聽音樂或是弄花弄草，轉移一下注意力，隔一段時間再量血壓，因為情緒或壓力造成的血壓升高，就可以恢復。

但是往往一量到血壓高，老人家就會很擔心。所以等不到 5 分鐘，老人家拿起電子血壓計就再量了一次血壓。這一量乖乖不得了，更高了，再量，更高。憂慮就像雪球一樣越滾越大，直接反應在血壓上，高到再也沒辦法坐視不管。

因此如果血壓升高，但是沒有不舒服，就找一件自己喜歡做的事，可以放鬆、可以轉移注意力的事，隔一段時間等心情平穩了，再測量血壓，才比較容易量到真實的血壓。

固定醫師拿藥控制

就因為高血壓的處理，是要將血壓長期控制在適當的壓力範圍，所以血壓藥最好固定在同一個地方拿，由同一位醫師調藥，如果沒有醫師評估建議，不應該貿然停藥或是改藥。

固定時間量血壓

另外一個好習慣，是每天早晚有固定量血壓的習慣，這樣可以畫出一條趨勢圖，決定藥物的增減。

❤ 怎樣算嚴重？

　　血壓高的嚴重與否，**重點不是看血壓的數值高低**，而是**合併的症狀**，如果合併有**胸痛、頭痛、背痛、腹痛、冒冷汗、發燒**；或是有**中風**的症狀，如半邊的手腳無力或麻、看東西看到兩個影子、講話口齒不清、意識改變，就是嚴重的情況，必須立刻就醫。

❤ 什麼時候該去急診室？

❶ 如果是原本沒有高血壓，第一次發生血壓高過 180/120 毫米汞柱，應該立即就醫，控制血壓，檢查造成血壓升高的原因。

❷ 如果血壓升高合併有**胸痛、喘、頭痛、背痛、腹痛、冒冷汗、發燒**、或是**中風**的症狀，也應該立刻就醫。

❤ 在急診會如何治療？

　　除非是控制血壓的能力失控，造成血壓異常的升高，才需要針對血壓治療。如果是因為身體其他地方的病痛，應該治療這些造成不舒服的病痛，如果症狀改善，血壓就下降，那血壓升高，就是結果，不是原因。

就診時的注意事項

除了藥物過敏史，孕齡女性有沒有懷孕之外：

① 過去有沒有高血壓的病史？有沒有服藥？服藥有沒有規則？

② 最近有沒有更換血壓藥？

③ 最近有沒有撞到頭？有沒有嘔吐？頸子沒辦法向下彎曲（會賬痛）。

④ 除了血壓高之外，有什麼樣不舒服的症狀？尤其是**胸痛、喘、背痛、腰痛、冒冷汗、或是半邊手腳無力或口齒不清**？

⑤ 有沒有視力模糊或看東西看到兩個影子？

⑥ 過去有沒有心臟病？有沒有腎臟病、腎臟腫瘤或洗腎？

⑦ 有沒有甲狀腺的疾病？有沒有血管的疾病？

⑧ 過去有沒有腦中風？

⑨ 有沒有使用毒品？

什麼事情必須做？

① 檢視除了血壓升高，身體有沒有其他不適的警訊？

② 睡眠充足、心情放輕鬆、低鈉飲食、適度運動。

③ 如果體重過重，立定減肥和運動的計畫。

④ 避免刺激性的抽煙或喝酒。

什麼事情不該做？

① 除非醫生有囑咐，不應該自行多吃降血壓藥，更不可以短時間連續服用多次，因為降血壓的效果通常需要時間，過量吃藥，血壓可能隔一段時間降得太低，過量的藥物使用，也會增加身體負擔。

② 不應該在身體不舒服,沒有確認血壓前,就一廂情願的認為是高血壓所引起,貿然服用降血壓藥,可能引起血壓太低,適得其反。

♥ 預防的方法

規則的服藥、控制血壓、保持作息的正常、適度運動、心情放鬆。

♥ 建議回診科別

家醫科、心臟血管內科、腎臟科、一般內科

Q 如何正確的量血壓?

　　正確的量血壓要像敬神禮佛一樣,在安穩平靜的環境下,最好**休息 20 ～ 30 分鐘後**。避免在吃東西、運動、大聲說話、喝酒,還是喝刺激性飲料後量血壓「自己嚇自己」,若要比較每天的血壓,要在固定的時間測量比較準確。

！ 一句重點

高血壓是不是有問題,要看有沒有症狀!暫時的高血壓不會有立即危險,長期高血壓不控制遲早出問題!

PART 4
降體溫大作戰

▶ 21　小孩發燒　　　　　　　　196

▶ 22　中暑　　　　　　　　　　208

小孩發燒

親愛的小紅帽，晚上媽媽打電話來醫院，告訴老爸你發燒了。老爸的腦海裡馬上浮現你紅撲撲的小臉旦，躺在床上，錯過了晚餐。媽媽很擔心，想把你帶到急診室來。聽媽媽說，如果退燒了，你就跟平常沒什麼兩樣，會抱起你最愛的小熊，拿玩具鍋鏟煮魚湯給小熊喝，也會纏著大人玩遊戲。但只要一燒起來，妳就病厭厭的坐著，無精打采的樣子。

小朋友生病的嚴重與否、有沒有演變出併發症，最重要的是在**退燒的情況下，觀察食欲和活力是否有減退的情況。**

如果退燒的情況下，你可以喝完媽咪做的清湯，愛吃的布丁和仙貝還是吃得津津有味，又可以跟小熊一起坐在桌燈下看故事書，就不需要急著來急診室。當然愛你的媽咪還是不放心，怕半夜你會發燒不退，萬一燒退不了，怎麼辦？

小於 3 個月的嬰兒發燒，因免疫力不成熟，容易併發敗血症，通常都需要住院治療、甚至要到加護病房觀察，如果發燒，都該盡快就醫，由醫師評估，本篇適用的對象以 3 個月大以上的兒童為主。

💓 成因

　　小朋友發燒絕大部分的原因都是**病毒**感染，但是如果持續**發燒超過 2 天，或是退燒後食欲和活力不佳**，就要小心是否為**細菌**感染、或是**產生併發症**。

💓 發燒的過程

➕ 發冷階段

　　發燒前，通常會先覺得**畏寒、發冷，甚至發抖**，這是因為細菌、病毒，或是感染釋放出毒素，掌管體溫的腦部會**重設目標的溫度**，這個發抖的期間大約持續 10 分鐘到半小時，這時可以添加衣物，或讓小朋友喝杯溫熱的茶。

　　這或許聽起來詭異，明明就要發燒了，幹嘛還保暖呢，這樣不是燒得更高嗎？問題是這時小朋友的腦袋裡，已經設定了比正常體溫更高的溫度，身體以發抖、發冷來努力的產熱，迎合腦袋定下的目標，這時候即使散熱，也阻擋不了身體的使命必達，反而只是延長畏寒不舒服的時間。

➕ 發燒階段

　　肌肉抖動產熱以後，體溫逐漸升高，一直到**腦袋設定好的溫度**，變成發燒，小朋友因為血管收縮的能力非常好，常常會有四肢冰冷的情況。這時不再感到發冷，如果有需要退燒，就可使用「退燒的方法」。

➕ 退燒階段

　　出汗、退燒，體溫恢復到正常範圍。

❤️ 退燒的方法（從發燒到退燒的階段）

　　其實非常簡單，醫院和家裡的作法也差不多。在發燒的 baby 停止發抖或怕冷，體溫發燒，代表體溫已經上升到大腦訂定的目標，如果有必要退燒，首先拿掉太厚的衣服，穿著寬鬆的衣服，有助於排汗散熱。

➕ 口服退燒藥水

　　家裡可以常備小朋友用的退燒藥，避免大半夜的措手不及，甜甜的口服藥水 6 到 8 個小時可以吃一次，多吃不會幫忙退燒，反而容易引起肝腎的負擔（使用前請確定沒有對相關藥物產生過敏，如果有疑問應請教醫師或藥師）。

🔷 肛門塞劑

如果已經讓 baby 穿透氣的衣服、移開覆蓋手腳的衣物，讓 baby 可以透過散熱降溫，在吃藥後一兩個小時，體溫持續超過 39 度，而且**沒有拉肚子**，就可以考慮用退燒塞劑。

或是有嘔吐的小朋友，沒辦法喝藥水，也可以使用塞劑。抹一點藥局或藥粧店都買得到的凡士林，對著肛門口溫柔的推到底，並且捏住屁股 3 分鐘，以免塞劑滑出來（退燒塞劑通常需要 10 ～ 20 分鐘的時間溶化吸收，如果拉肚子的話，藥物一方面會刺激腹瀉，讓藥物被排出，吸收的效果也會打折扣）。

通常 **12.5 公斤以上的小朋友可以塞一顆**（12.5 毫克），低於這個體重的可以用比例估算，譬如說 6 公斤的小朋友約略塞半顆。

> 小於 3 個月的 baby 發燒，應該快點送醫，就不要只退燒不看病了。

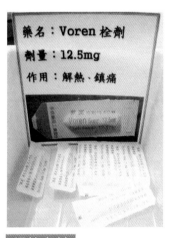

藥名：Voren 栓劑
劑量：12.5mg
作用：解熱、鎮痛

退燒塞劑

❗ 注意事項

塞塞劑除了充分的潤滑以外，還要有點快和準，看準肛門後，先把塞劑尖頭頂入，然後快速往裡推到底，不然小朋友感覺到異物，還是會有點疼，自然會縮緊肛門，就不容易推入了。

❤ 體溫量哪裡最準？

怎麼知道有沒有發燒？對越小的小孩而言，**肛溫**是量體溫最準的地方，超過 38℃ 為發燒；在 3 個月以上的 baby，可以量耳溫，耳溫超過 38℃ 就算是發燒；如果是量腋溫，超過 37℃ 算發燒。

量肛溫時，先用中性肥皂或酒精清洗溫度計，以冷水沖淨後，擦一點凡士林潤滑，讓 baby 抱著柔軟的枕頭或墊子趴在穩固的沙發或床，一手稍微扳開 baby 粉嫩的半邊屁屁，一手將溫度計看準肛門口伸進去 2 公分左右，輕輕安撫 baby，唱歌給她聽（爸媽別害羞），讓他覺得安心，靜待 1 分鐘後，等電子溫度計發出聲響，就可以觀看測量的溫度。

在 3 個月以上的小朋友，這時候小朋友比較難安靜不動的讓爸媽量肛溫，就可以用耳溫取代。量耳溫時，在開啟耳溫槍，裝上保護套，等到螢幕出現耳朵的符號後，就可以溫柔的伸進小朋友的耳朵，按下測量鈕，在發出嗶一聲後即可判讀（**在發出嗶聲前不要移動，否則會失準**）。

❤ 發燒的嚴重性

在老一輩人的觀念裡，發燒是駭人聽聞的事，只要一發燒，他們總是會講起以前村裡哪個小朋友因為發燒燒壞了阿搭馬（腦袋），後來變得ㄚ達ㄚ達、笨笨的。但是這些阿搭馬被燒壞的小朋友，是因為細菌或病毒感染了腦袋，沒有即時適當的治療所導致的後遺症。為人父母的，就算知道沒有科學根據，也都覺得責任重大、坐立難安，千萬個不願意小朋友因為一時疏忽，導致遺憾。

首先讓我們先明白一件事，體溫除非上升到 **42℃ 以上，通常都不會有立即性的危險，越燒並不代表越嚴重！**

在感染到腦袋或產生併發症以前，小朋友的食欲和活力，會出現明顯的減退，對愛吃的食物沒興趣、退燒的情況下也病厭厭的，連生病前對他充滿魔力的遊戲都提不起勁，這代表小朋友對於感染已經力不從心，必須要盡快就醫，檢查評估有沒有併發症（譬如說腦膜炎、肺炎、中耳炎等）。

💗 還是燒，怎麼辦？

可以擦拭散熱或**洗溫水澡**。請媽咪幫你用溫水擦澡、洗個溫水澡，或是特別擦在可以散熱的那些地方（脖子、手腕、腳踝和膝窩，這些都是血管比較靠近體表的地方，所以比較容易帶走熱量）。

溫水的定義就是跟體溫一樣 30～37℃，所以爸媽在測水溫時，**不應該感覺到熱或太冷，才是適當的溫度。**切記**不可以**塗酒精，也不要用冷水，這兩個方式反而會讓寶貝周邊的血管收縮起來，影響散熱的效果，實際上也讓小寶貝感到很難受。

綜合這些方法，其實八成以上的高燒都可以漸漸退下來。當然最重要的還是要再提醒媽咪一次，是在**退燒的情況下看寶貝的食欲跟活動力**，如果跟平常的食量相比，減少到一半以下，或是不笑、不愛跟心愛的小熊玩，或是**發燒超過三天**，就應該帶來醫院給醫生檢查完整評估了。

溫水擦拭退燒

💓 發燒的好處

經過越來越多的研究證實，發燒這種以前認為十惡不赦的情況，其實是**有些好處的**，為了加速免疫能力，指揮大軍對抗外來的病毒或細菌，身體會重新設定體溫，發燒其實是身體**自然的一個反應**。

原來我們處心積慮的退燒，夙夜匪懈的幫小朋友換額頭上的毛巾，累成熊貓眼其實沒有真的幫上忙？！沒錯，處理發燒這種事，就像親子談心一樣，不能小朋友一叛逆就開打，還要看看小朋友的反抗有沒有道理！

現代父母處理小朋友發燒，要從「幫小朋友作戰」的前鋒角色抽離出來，成為一個談笑用兵的諸葛亮，不要只是一昧的退燒、退燒、退燒，「啊～怎麼還在燒？」讓自己陷入鬼打牆的神經緊張裡。首先我們先模擬三種可能面臨的情況：

發燒時，食欲活力滿檔

這時小朋友的戰鬥力驚人，輕輕鬆鬆的佔上風，吃東西、玩玩具都維持水準，這時就算發燒，甚至高燒到 40 度，只要食欲活力好，就不需要退燒。

❗ 注意事項

如果有心臟、肺部疾病，以前就免疫力不好、曾經有嚴重細菌感染住院，應該就醫，請醫師評估。

發燒時，食欲活力減退；但退燒時，食欲活力就恢復水準

這時小朋友和不懷好意的病菌戰成五五波，為了讓小朋友能夠在戰鬥中逐漸取勝，讓小朋友可以好好睡覺、認真吃飯，退燒就可以成為一種打持久戰的手段，退燒讓 baby 好好吃飯、退燒讓 baby 好好睡覺。

同時在退燒時，仔細觀察小寶貝，食欲和活力是否有衰弱的跡象，尤其在退燒情況下如果都吃不多、不愛玩，變成下面一種必須盡快就醫的情況。但若發燒的時間越來越少，活力和食欲越來越棒，就可以放下心中的大石頭。

 ### 發燒和退燒時，食欲活力都疲弱不振

可能產生併發症，小朋友已經抵抗不住，需要盡快就醫，由專業的醫師評估，可能需要抽血或是住院治療。可以考慮退燒，但是**就醫評估更為重要！**

> ## ！注意事項
>
> 如果又吐又拉，吃藥、塞塞劑都無法成功，加上活力、食欲又變差的話，就該帶去給醫生想辦法了。

什麼時候該去急診室？

如果退燒之後，小朋友食欲不佳，吃不到平常一半的量；或昏睡、對喜歡的玩具或是平常有興趣的事物都提不起勁，就應該立刻就醫。

如果發燒**超過 3 天**，雖然食欲活力還好，也應該就醫評估，發燒是身體面對疾病的正常反應。就醫的目的，是尋找有沒有**持續感染的地方**，譬如說中耳炎、鼻寶炎、肺炎等等，需要進一步治療根本的疾病；盲目的退燒，是只治標不治本，對 baby 的健康沒有幫助。

抽搐、異常哭鬧不休、持續性劇烈嘔吐（無法進食或吃藥），**呼吸費力、喘、嘴唇發紫或發黑**，應該盡快就醫處理。

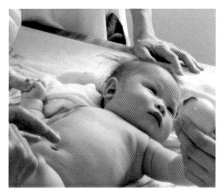

正常的寶寶對外界充滿好奇

203

💓 在急診會如何治療？

當爸媽帶著病童來到急診室，醫生通常就會觀察小朋友的**反應和活力**，並且詢問爸媽吃東西和活力的狀況，評估是不是需要進一步檢查或治療。

醫生下一個會問的問題，就是除了發燒之外，小朋友還有什麼症狀，有沒有拉肚子、嘔吐、咳嗽、呼吸困難、喘、肚子痛、尿血或一直想尿尿、抽搐、還是頭痛？目的在於尋找潛藏在 baby 身體裡的感染源，找到這些病毒細菌的大本營，才能根本的治療小朋友！

如果病童高燒、或是**持續發燒 3 天以上**，就可能需要驗尿或抽血檢查，評估有無住院治療的必要。

💓 就診時的注意事項

❶ 藥物的過敏史，有沒有先天性疾病，或是蠶豆症、熱性痙攣？

❷ 記錄每天小朋友發燒的體溫，於就診時出示給醫生參考。

畢竟每個小朋友都是爸媽的心頭肉，只要一發燒，家長馬上就比小朋友更熱，把焦點放在體溫的退燒與否。但是要能夠讓小朋友真正康復，就應該確定發燒感染的原因，對症下藥，所以應該配合醫生評估後的檢查與治療，才能夠從根本去解決發燒的成因。

爸媽對小朋友的重視當然是無可厚非，甚至會一整天就為此奔走很多家醫院，就為了小朋友還是偶爾發燒，但請思考一下，**發燒本身並不可怕！**

退燒不是最重要的，找到感染的原因，對症下藥才是重要的！

什麼事情必須做？

❶ 正確的**記錄體溫**，使用過的藥物和使用的時間，在就診時帶去讓醫師參考評估。

❷ 退燒的藥水和塞劑，應該遵照醫師的囑咐使用才算安全。如果自作主張，**太頻繁的使用可能對小寶貝的身體產生負擔或毒性**，通常至少 6 個小時才可以使用一次，不可不慎。

❸ 多喝水、喝果汁、吃水果，以及喝運動飲料，因為發燒會讓身體的水分蒸散的速度更加快，所以一定要**多補充水分**！少量多餐、吃容易消化的食物。

❹ 預防勝於治療，**施打疫苗永遠是最聰明的辦法**（肺炎鏈球菌、流行性感冒疫苗、輪狀病毒口服液苗等等）。

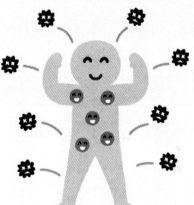

一句重點

發燒其實不可怕，可怕的是併發症，可怕的是退燒時小朋友不玩、不吃平常愛吃的東西，活力和食欲都很明顯的減退。

什麼事情不該做？

① 不應該用酒精或是冰水擦拭散熱，反而會減緩退燒的速度。

② 使用退燒藥物要依照醫師的指示，以大類來說，退燒藥分為普拿疼和非類固醇的消炎藥：喝的退燒藥兩種都有，塞劑則通常是非類固醇的消炎藥。藥水通常要相隔 6～8 個小時才能使用，如果喝的次數太頻繁，會對肝臟或腎臟造成負擔。倘若真的無法退燒，應該先確認是不是穿得太多、包得太密，以及使用溫水擦拭、洗溫水澡來降溫。

③ 不要同時併用退燒藥水和塞劑，退燒真的**不需要「除惡務盡」**，發燒並不是害孩子生病的原兇，疾病和病菌才是。對於醫療不全然了解的人，常常會以為「某種藥」很傷身，譬如說塞劑或是類固醇用了有多糟糕，一定不要使用云云。其實每種藥物都有使用的時機，在「對的時間」用，就可以幫助治療，但是單單為了「退燒」，兩種藥物併用，對身體的負擔已經超過了好處。

④ 老人家的觀念會認為發燒是因為「著涼」，所以常常會把小朋友密不通風的像個粽子包起來，甚至覺得用棉被悶起來，把汗逼出來就會好，反而會讓過高的體溫沒辦法散熱，讓體溫越來越高。

 **建議回診科別**

小兒科

Q 燒太高不會有問題嗎？會不會燒壞腦袋瓜？

　　發燒其實是對抗感染的自然過程，體溫的升高對致病的細菌有抑制的作用，能幫助白血球吞噬細菌，加快免疫力的作戰速度。至於「燒壞腦袋」，主要的原因是因為產生併發症，感染擴散到腦部，變成「腦膜炎」。小朋友如果有這些嚴重的情形，就算退燒了，也會食欲不振和活動力降低，頭痛、嗜睡、反應怪異或遲緩，在 **2 歲以上的大小孩彎下脖子會疼痛**，出現這些情況就必須盡快就醫。

Q 退燒藥品該如何保存？

　　除了注意藥物的保存期限之外，退燒藥水通常放在避免陽光曝曬的陰涼處或廚櫃裡（避免小朋友可以拿到），塞劑則該放在冰箱冷藏。

Q 如果家裡的小朋友有熱痙攣體質，退燒要注意什麼？

　　應該在家裡常備有退燒的藥物，雖然退燒**不能避免熱痙攣的發生**，但退燒一般認為可以比較積極，一般的小朋友在 38.5℃ 開始退燒，有熱痙攣體質的小朋友就從 38℃ 開始使用退燒藥物。

Q 發燒不退，是不是要打點滴？

　　點滴的成分是食鹽水、或是糖水，除非是從點滴裡額外加入退燒的藥物（就是退燒針），點滴的功能在於脫水時補充水分，對退燒沒有任何幫助。

中暑

親愛的小紅帽，在講中暑之前，老爸要先跟你講「北風與太陽」的故事。「我知道！」聰明的妳馬上舉手，「就是北風要和太陽比賽，看誰的本事大，可讓路過的旅人脫下斗篷的故事！」爸爸敬佩的點點頭，然後說：「那你知道最後到底是誰讓旅人脫下了斗篷嗎？」

妳的小臉亮了起來，驕傲的說：「當然知道啊，是太陽的本事大，太陽的熱讓旅人脫下了斗篷……。」老爸奸詐的笑了笑，問妳說：「那旅人後來發生什麼事，妳知道嗎？」

藍天白雲裡，跟北風打賭勝出的太陽，想要知道旅人脫了斗篷接下來會發生什麼事，所以就繼續盡情的在天空裡展現他的溫暖與狂熱！「在太陽底下，地面的溫度隨著太陽在空中的自 high，從 26℃ 一路上升到 35℃。」

旅人何止脫掉斗篷，衣服浸濕了鹹鹹的汗水，身上冒出一顆顆的痱子，癢得他扭來扭去的，脫到只剩下一件內褲。汗水一滴一滴的從頭頂落下，最後乾脆用潑的，在旅人的腳下形成蜿蜒的小河。旅人坐立難安的猛擦汗，詛咒的看著空中失控的太陽，突然一陣頭暈目眩。

「砰咚」一聲，站起來的剎那，旅人先生昏倒了！沒有疑問，旅人先生是中暑了。太陽繼續展現他迫人的魅力，旅人先生的體溫從 37℃ 開始突破 38℃，然後一路飆升到 40℃。

奇怪的是，旅人身上不流汗了，只剩下乾裂的嘴唇和皮膚，沉沉的睡去。**脫水加上降溫的能力跟不上體溫上升，就是形成中暑的條件！**

人類是恆溫的哺乳動物，身體自己會努力維持體溫在 36～38 度之間，當天氣熱的時候，我們最有效對抗體溫上升的法寶，就是流汗。每當汗水從身體上蒸發，就會帶走熱量，想辦法把體溫降回正常的數值。於是隨著周圍溫度升高，我們汗如雨下，是為了對抗節節升高的體溫。

但是這個大絕招可不能無限供應！首先，原本充滿水分的身體，因為流汗逐步流失，溫度越升高，流失的速度也越快，當汗水帶走的熱量，跟不上溫度上升的速度；或是脫水嚴重，汗水流乾了，失去流汗這個法寶護體，就再也抵抗不了體溫的上升！體溫就會失控的直線上升！

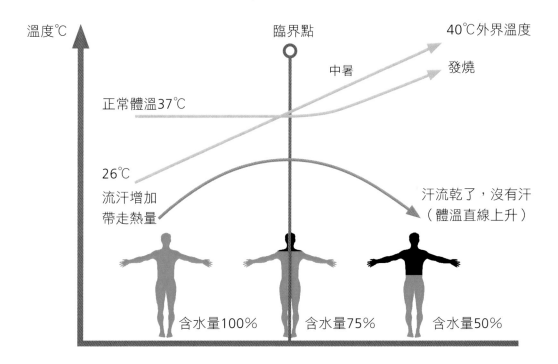

溫度升高的另一個問題，是熱會讓血管放鬆。身體裡的血管，因為高溫膨脹，原本存放在血管裡的血液，因為血管變大而相對的變得枯竭，而且跟其他的液體一樣，會往低處流，最後大部分的血液就會囤積在腿和腳。

而在旅人先生身上發生的事，就是因為身體裡水分流失太多（流汗），水分又因為血管熱脹冷縮，都流到下半身，所以當旅人先生想站起來，打到腦袋裡的血流不夠，於是就昏倒了。

最主要的問題是身體為了排汗消暑，水分流失太多，輕微的容易肌肉抽筋，或是下肢水腫，血液都囤積在下半身，流通到腦部的血流不足，就容易昏倒和中暑。

如果溫度持續累積在身體裡，無法 hold 住體溫的上升，就會演變成致命的嚴重情況，第一個明確的指標，就是**體溫超過 38 度**。如果沒辦法有效的降溫，或是離開酷熱的環境，體溫甚至可以飆升到 42 度以上，造成昏迷、癲癇，身體裡的細胞也因為耐不住高溫，紛紛死亡（烤焦了）。

在悶熱的環境或日照下，經過半個小時以上的時間，產生暈倒或是快要暈倒、前額痛、頭暈、想吐、走路不穩、小腿或大腿抽筋抽痛、脈搏摸起來又淺又快（脫水）。

回想起來，在室內或進入悶熱環境前又沒有不舒服，這些新出現的症狀就是中暑。體溫升高到超過 40 度、昏迷或是胡言亂語，或即使發燒，皮膚摸起來卻乾冷無汗（因為水分已經少到流不出汗了），就是身體對抗熱的保護傘已經破壞了，身體正因為高溫一步一步衰竭中，是命懸一線的緊急狀況。

HOW TO DO

當你沾滿陽光氣息的在太陽底下努力運動，通常就必須要有加強補充水分和電解質的心理準備，當身體的肌肉抽筋（最常見的是小腿、大腿、肩膀），就是在告誡你，身體水分已經流失太多，需要補充水分和**電解質**（鹽片）。

降溫的方法，就是幫他流汗！

持續在中暑的人身上潑灑冷水、或用濕冷毛巾擦拭全身；把低溫的水袋（不要直接用冰塊，會造成局部凍傷）放在他的頸部、腋下和大腿內側；並且拿出多支或最大支的電風扇，轉到最大，朝他猛力放送。

簡單來說，把水潑灑在他身上，就是**幫他流汗**，在水分蒸發的時候幫他帶走熱能。在頸部、腋下和大腿內側，這些地方的血管很靠近皮膚表面，所以散熱的速度比較快。如果產生中暑的對象意識清醒、喝水不會嘔吐，多給他喝水或運動飲料，如果有鹽片或是鹽，一併讓他服用。

 白開水裡怎麼加鹽？

身體中水跟鹽的正常比例是 0.9%，我們叫做「生理食鹽水」，泡法是 1 公升的開水加 2 茶匙的鹽巴（10 克），算起來的濃度接近 0.9%。如果不知道茶匙是什麼，也可以粗略的用 2 公升開水加入 1 湯匙的鹽巴。

中暑

💓 什麼時候該去急診室？

體溫如果超過正常範圍（38℃），就算是嚴重的情況，需要送醫治療，使用比吹電扇、溼毛巾擦身體更積極的降溫手段。尤其是體溫高過40℃，或是產生昏迷、癲癇，這時死亡的機會就會很高，需要立刻的送醫處理。

注意事項

- 一旦出現中暑症狀，立刻把產生中暑症狀的對象，帶離悶熱的環境或是烈日底下，到樹蔭和通風良好的地方，將他的**腿和腳墊高**，高於心臟的高度。
- 將他的領口、袖口打開，去除身上過多的衣物，只留下通風涼爽的衣物。
- 打 119，等待救援時，**立刻幫他降溫**。

💓 在急診會如何治療？

急診醫師最重要是要確定中暑的診斷，因為頭痛、發燒、想吐，同樣可以是感冒或其他感染的症狀。如果確定是中暑，通常會打點滴補充過度流失的水分，並且抽血檢查電解質有沒有失調，肝臟或是肌肉指數有沒有異常升高。

如果有發燒，醫院可以有效積極的降溫，在醫院裡，除了一樣使用灑水、強力風扇外，有許多種更強力的快速降溫手段，這在已經中暑進展到衰竭、高燒不已的病人身上，是救命的處理。

❤️ 就診時的注意事項

❶ 對藥物有沒有過敏史,孕齡女性有沒有懷孕可能?

❷ 有沒有心臟病?腎臟病?肝臟病?

❸ 有沒有甲狀腺的疾病?

❹ 在悶熱的環境下多久?曾經出現哪些症狀(抽筋、快要昏倒等)?

❺ 在進到悶熱的環境前是否已經有不舒服?是否已經有發燒?燒多久了?

❻ 有沒有吃**精神科的藥物**?有沒有吃利尿劑或鼻塞藥?有沒有使用毒品(古柯鹼、安非他命)?

什麼事情必須做?

❶ 立刻把中暑的人移到通風涼快的地方,移除過多的衣物,把領口打開。

❷ 如果會嘔吐,讓他側躺休息。

❸ 在報案後、等待 119 救援,或是在送醫的途中,都應該持續讓中暑的人平躺休息,保持鎮定,灑水、使用水袋降溫、吹電扇或手動扇風。

❹ 如果人很清醒、喝水不會吐,幫他補充**水分和鹽分**、或是**梅子**(含有高量鹽分),可以盡早持續進行(但是如果人躁動、意識不清,吃東西或是喝水就可能會嗆到,吸入到肺部產生肺炎,這時候不可以餵食)。

❺ 為了讓囤積在腿和腳的血液容易回到心臟,可以在他倒下的時候,用東西把腳和腿墊高。

❻ 如果中暑的人發生癲癇,不要硬塞東西到他嘴裡,只要保護他躺在柔軟的地方,避免跌倒或撞到頭,並且努力幫忙他降溫(請參考 P173「癲癇怎麼處理?」)。

❼ 如果體溫低於 36℃就不需再繼續降溫。

什麼事情不該做？

❶ 如果出現前面所說的中暑症狀，不應繼續工作、或是持續待在悶熱的環境底下，應該盡快到通風好、涼快的地方。

❷ 不可以只是單純的補充白開水，同時也要**補充電解質**（鹽）。

❸ 在腋下或是大腿內側放冷水袋，但不可以直接把冰塊放在皮膚上，會造成局部的凍傷。

❹ 不要喝酒、喝咖啡，這些刺激性的飲料會利尿，讓身體脫水的情況更加嚴重。

❺ 不要用酒精擦拭身體！酒精會讓血管整個收縮起來，反而不容易快速的帶走身體裡的熱量！

❻ 當中暑的人叫不醒，沒辦法跟你溝通，這時勉強他喝水就會增加嗆到、吸到肺裡面變成發炎的機會，所以不應該進食；如果還能夠反應，可以嘗試使用吸管或是小口喝水，如果有大咳或嘔吐的情況，就不要再從嘴巴餵食物或灌水。

❼ **不需要吃退燒藥**，因為中暑的問題是太多的熱量沒辦法散出，跟感染造成的發燒不同，吃退燒藥沒效。

中暑的預防最重要，一進到過熱環境就要補充水分。

🫀 預防的方法

❶ 不想被溫水煮青蛙，最好的方法就是不要去當那隻青蛙，不要在酷暑烈日時（10:00 ～ 14:00）外出活動，在天氣熱的時候就要主動多喝水沒事，沒事多喝水。

❷ 如果非得要在悶熱的地方工作或運動，戴好帽子、撐洋傘、穿寬鬆涼爽的淺色衣物，固定每小時都要喝水、補充鹽片，如果有頭暈、想吐、倦怠、暈倒，就不要再勉強工作，立刻停止，並移到蔭涼下休息。

❸ 如果**小便出現咖啡一樣暗褐色的尿液**，或是**肌肉持續的嚴重痠痛**，可能代表肌肉損傷嚴重，這會造成腎臟的傷害，需要盡早就醫。

🫀 建議回診科別

中暑沒有專門的科別，處理相關病人比較有經驗的是急診專科醫師和腎臟科醫師（當脫水情況嚴重，會讓腎臟衰竭）。

Q 什麼樣的人會特別容易中暑？

年紀越小或越大的人、有心臟病的人，因為體溫的調節能力較差，比起年輕人在先天的條件上容易中暑；孕婦因為需要供給胎兒水分，對於脫水的容忍範圍也比較低，同樣比較容易中暑。

但事實上，年輕人容易過分相信身體的調適能力，特別容易在大熱天底下工作或是運動，其實最常中暑。

Q 到底是感冒？還是中暑？

感冒初期，症狀不明顯的時候，的確跟中暑很相似，頭痛、頭暈、倦怠、發燒，但感冒通常還是或多或少會有喉嚨痛、流鼻水、咳嗽的症狀，這是中暑不會有的。

中暑處理要點

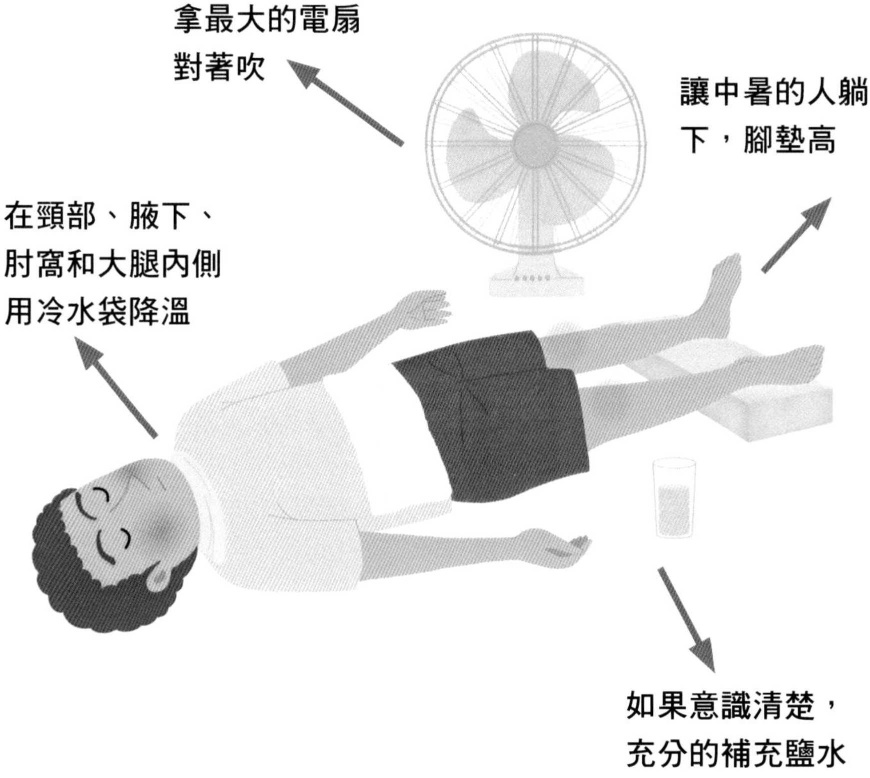
拿最大的電扇對著吹
讓中暑的人躺下，腳墊高
在頸部、腋下、肘窩和大腿內側用冷水袋降溫
如果意識清楚，充分的補充鹽水

PART 5

跟心臟相關的急症

▶ 23　胸痛　　　　　　　　　　　　218

▶ 24　心悸　　　　　　　　　　　　226

胸痛

關於心痛，言情小說裡、或是剛收到好人卡卡的心中，當然有各種纏綿悱惻的形容，但是在心臟引起的心痛，醫學上卻有一種**典型**的描述，以下任一情況都很可能是心臟引起的：

① 年紀**超過 50 歲**的胸痛

② 像**石頭壓在胸口**，喘不過氣的感覺

③ 痛到會冒冷汗

④ 在**運動或是出力的時候引發**的胸痛，胸痛起來會同時感覺到手臂痛或是牙痛、下巴痛

💓 心臟病發的傳統印象

講到連續劇裡，扣人心弦、高潮迭起的心臟病病發，大家心裡都會自然浮現一個老到牙齒掉光的畫面。這畫面，是如此深植人心，只要安排得宜，總是輕易的賺人熱淚，把年邁父親恨鐵不成鋼的悲憤，變成公式般的橋段。

「你……你這個不肖子……！」老父張大了眼睛，倒退了幾步。鏡頭接著總是特寫逆子漠不關心的表情，然後帶到老父，那是一個閉上眼，你我都可以默背的畫面。

太陽穴爆青筋、臉脹得比關公紅，然後摸著心口，一個趔嗆，在眾人的驚呼聲中，老父配合著變奏的音樂，慢動作重重的摔倒在地上，手在地上還反彈了兩下，口吐白沫，沒有人攙扶，甚至還要各種角度，悲壯的重播好幾次。鏡頭從老父的視角，仰望喪盡天良的逆

子，臉上無可救藥的冷笑，緊接著鏡頭一黑，象徵老父心臟爆血管後，失去了意識。

典型的胸痛，通常發生在 50 歲以後，但是隨著國人生活的改變、飲食習慣的西化，在急診室工作的筆者，甚至看過 39 歲，一個強壯如牛的中年人，心肌梗塞的例子。

❤ 醫生眼中心臟病發的情境

在醫學院的教科書裡，也有一張經典的圖片，說明心臟病發的典型情境。一個**叼著煙的 50 歲男性**，從溫暖的酒館門口走出來，他穿著大衣、帽子和圍巾，**費力**提著一個看起來就**很重的手提包**，走進酒店外**溫度落差很大**的酷寒雪地。突如其來的胸口一緊，讓他含不住煙，煙蒂落在雪地上，持續冒著一縷青煙。緊抓著胸口的衣襟，他滿臉冷汗，弓曲起身體，在雪地裡倒下。這就是**典型心血管疾病發作**的環境！

突然氣溫的驟降、長期抽煙、出力搬厚重物品引起的胸痛要格外注意

❤ 成因

壞的膽固醇（低密度的膽固醇和三酸甘油脂），在變性以後會被白血球一口吞下去，變成一團肥滋滋、油膩膩的泡泥，卡在心臟的血管管壁上，越積越厚，像顆不定時炸彈，某一天，突然破開，隨著血流順流而下，**塞住心臟的血管**，造成這條血管供應的心臟肌肉梗塞。

當心臟血管不通，一整片的心臟肌肉缺血不動後，最直接的影響是心臟的效能，心臟仰賴全部肌肉協調的收縮，才能維持最大的幫浦功率，因此在心肌梗塞後，稍微出力或是坐起站立，就可能很喘或昏倒。

另外，因為心臟是個像樂隊一樣精細、講究節奏的地方，才能有效的指揮運往身體各處、四通八達的血路，因此在心臟受傷後，這個節律可能隨時會消失，沒了指揮的心臟，各處會雜亂無章的亂跳，結果就是心臟完全打不出血來，只要幾分鐘的時間，亂跳的心跳就會停止，造成死亡。

❤️ 怎麼處理？

HOW TO DO

1 避免任何增加不適的舉動，並且立刻停下手邊費力的工作，坐好或躺好休息。

2 如果有前面說的典型心臟病症狀，包含**持續的胸痛**無法改善、**喘、胸口壓迫感**、疼痛時疼痛感會**連帶痛到左手臂或是背後、冒冷汗、暈厥**，都應該向人求助，**撥打 119**，保持鎮定和休息，立即送醫。先當成最嚴重的情況處理，不要再勉強行走或攙扶送醫，這些只是稍微需要一點點出力的舉動，都可能對心臟造成刺激。

3 如果醫師曾囑咐須使用救心（藥物：耐絞寧），就立刻含在舌下使用，但如果胸痛的症狀沒有改善（超過 15 分鐘），不要延誤送醫，更不要亂拿別人的藥吃。

💓 怎樣算嚴重＆何時該去急診室？

心臟是供應全身血流的樞紐，一旦缺血，就隨時可能猝死或致命，如果有典型胸痛、喘、持續胸悶、盜汗、劇痛到背，必須盡快就醫，由醫生評估病情的嚴重程度，給予重要的治療。

2008 年準內政部長廖風德先生，在爬山時候（運動或出力）發生心肌梗塞，因而猝逝。事實上，當心肌梗塞發生時，一半的人當場死亡，能「幸運的」被送到醫院的人，沿途或是在醫院裡，隨時都有心臟突然亂跳，然後猝死的機會！

心肌缺血

心肌缺血其實有 12 小時的黃金救援時間，如果在這段時間就醫，可以盡快用心導管把缺血的地方打通，救回更多的心臟肌肉，保留更多的心臟效能，所以對一般民眾而言，只要典型的胸痛症狀出現，或是無法自行研判時，最好的方針，就是立刻送醫（打 119 送到急診室），由專業的醫療團隊判斷，做快速適切的處理。

💓 在急診會如何治療？

❶ 急診室會詳細詢問胸痛發生時間、有沒有合併冒冷汗、疼痛的性質、過去疾病史來綜合判斷胸痛是不是心臟引起的胸痛。

❷ 進行心電圖檢查，如果醫生認為有必要，會抽血檢查心臟的數值，同時視情況給予包含氧氣和藥物等必要的處置。

❸ 如果從心電圖確認是心肌梗塞，就**必須立刻進心導管室打通血管**，或是使用通血路的藥物，並且住到加護病房密切觀察，因為心臟極不穩定，可能隨時猝死，需要趕快急救。

❹ 即使第一次的心電圖和抽血檢查正常，如果急診醫師仍擔心胸痛是心臟血管引起的，可能會將病人留在急診室，間隔 3～4 個小時，重覆抽血和做心電圖檢查，從多個時間點的檢驗數值，可以像畫股票漲跌一樣，確認出趨勢，更精準的判斷心臟有沒有受傷的跡象。

❺ 心臟剛受傷時，抽血不一定會立刻顯示異常，必須要觀察比一般急症更久的時間，比較一次一次的心臟數值和心電圖，正因為心臟病是性命攸關的大事，所以醫生都會十分謹慎處理。

❻ 在確認沒有急性心肌梗塞的發生後，如果有發生心臟疾病的危險因素，最好回診心臟科，進一步確認有沒有血管狹窄或部分阻塞的情況。

❼ 如果胸痛後**喪失意識**，大力搖晃叫喚都沒反應，很可能就是心臟亂跳，請人打 **119** 後，**開始 CPR**（請參考 P25「心肺復甦 CPR」）。

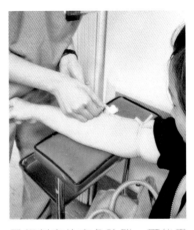

醫師判定的高危險群，可能需要間隔抽血看數值的趨勢變化

💓 就診時的注意事項

除了告知有無藥物過敏史、孕齡女性有沒有懷孕之外：

❶ 告知過去心臟病的完整病史，包含有沒有做過心導管、裝過支架、心臟手術、心臟衰竭、服用藥物、家族史。

❷ 配合醫生詢問，說明發作時的情況、有沒有**冒冷汗、暈厥、劇痛到背**。

❸ 在醫生同意前，最好先不要吃東西，以免擔誤進一步的檢查。

❹ 如果醫生建議留在急診室觀察，因為心臟病發病後果難以預料，應該慎重的配合。

什麼事情必須做？

① 立刻休息，不要做費力的事。

② 如果有典型的胸痛症狀、喘、**持續胸痛**、**越來越痛**、**冒冷汗**、**劇痛**、**暈厥**，都應該立刻就醫，刻不容緩。

③ 如果有高血壓或心臟病史，醫生曾經指示過，可以立刻使用救心（藥物）；但如果症狀持續，也必須馬上就醫。

什麼事情不該做？

① 不應該繼續走動、出力工作，因為心臟受傷後，這些運動或是出力，都會增加心臟的負荷。

② 心臟引起胸痛時，**不可以自己一個人開車或騎車就醫**，心臟缺血可以引起突然的心臟亂跳，陷入昏迷或需要別人立刻急救。

③ 不要因為症狀與別人相似，就亂吃別人的心臟藥物，很可能反而讓情況加劇。

④ 不要使用毒品，古柯鹼讓心臟血管劇烈收縮，可以直接造成心肌缺血和猝死。

💓 預防的方法

三高：高血壓、高血脂（血油太高）、糖尿病，還有抽煙，都是容易引發心臟病，必須從飲食、生活習慣、藥物各種方面長期控制，建議戒煙、規律運動、每天五蔬果、飲食少油、少鹽。

心臟內科

Q 使用救心（耐絞寧的舌下含片）需要注意什麼？

　救心的用途，是讓心臟血管擴張，讓阻塞的血管可以放鬆；同樣的，身體的其他血管也會放鬆，會讓血壓突然下降，所以需要在醫師建議下，有必要的情況下再使用，不應該只因為跟別人的症狀類似就逕行使用。因為有降血壓的顯著效果，使用時最好坐下或躺下，避免突然的血壓下降造成不舒服或暈倒。

　這類的藥物要單獨存放在避光的深色瓶中（原本的藥瓶），受到光照會影響到藥效，開封後只能保存 3 個月。如果舌下含一顆，過了 5 分鐘沒效，可以含第二顆，間隔 5 分鐘再含第三顆，如果持續沒效，症狀超過了 15 分鐘，就應該立刻送醫。

救心（耐絞寧）

注意事項

　典型胸痛的症狀出現，可能隨時猝死，要立刻送醫！

胸痛處理要點

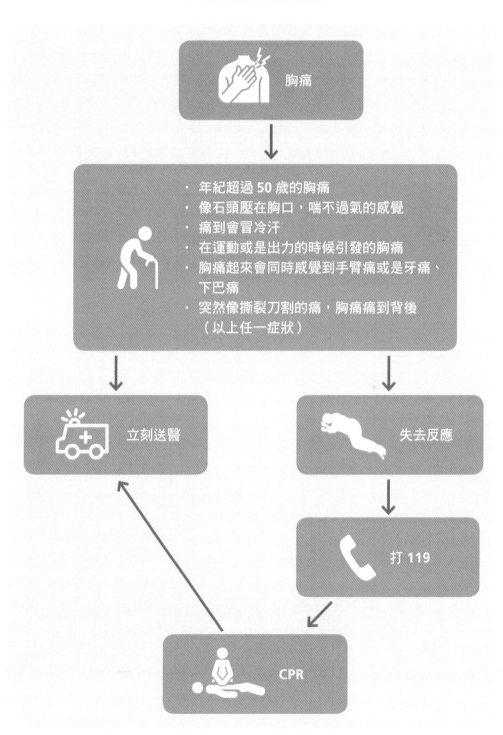

胸痛

· 年紀超過 50 歲的胸痛
· 像石頭壓在胸口，喘不過氣的感覺
· 痛到會冒冷汗
· 在運動或是出力的時候引發的胸痛
· 胸痛起來會同時感覺到手臂痛或是牙痛、
　下巴痛
· 突然像撕裂刀割的痛，胸痛痛到背後
　（以上任一症狀）

立刻送醫

失去反應

打 119

CPR

心悸

心跳正常的速度是在 60 ～ 100 下／分鐘，通常我們不會感覺到自己的心跳，除非側睡時壓在耳朵上睡覺（聽到耳朵脈搏的聲音），被老師點到剛好不知道答案、或是劇烈的運動、蹲太久突然站起來，但是這些情況，隨著情境的消除，通常心悸的感覺就會消失。

❤ 成因

雖然大部分的人，都曾感覺到心悸，或是心臟突然不規則的跳了好幾下，因為心跳不規則的時間很短，通常不會讓人感覺到不舒服。

關於心悸的感覺，有人會覺得：「好像很緊張」、「心臟好像快跳出來了」，大部分的時候，不見得真正忠實的反應心跳過快或過慢，或是心臟真的「亂跳」（心律不整）。因此「心悸」到底有沒有問題，要看有沒有合併症狀，或是時間過長的心悸，即使離開有壓力的情境仍然**持續的**不舒服。

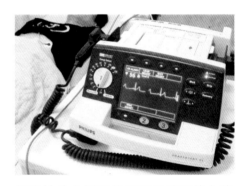

偶發性的心悸可能需要長時間的心律監測判定

💓 怎樣算嚴重？

如果心臟真的亂跳，影響到血流的供應，就會合併**眼前發黑、暈厥、喪失意識、冒冷汗、胸痛、喘，甚至中風**的症狀，這是很嚴重的情況，必須盡快到急診室。另外，如果有**吐血或解黑便**，應立即前往急診室檢查評估，是不是腸胃出血太厲害，脫水太嚴重，心臟就要更努力的收縮來彌補血液從腸胃道的流失。

對年輕人而言有個簡單的原則：「如果心悸的時間，**持續超過 5 分鐘以上**，應該就醫確認原因。」但如果是**年紀超過 50 歲的人**發生心悸，或是**運動和出力時發生**的心悸，或**曾經有心臟病**、心臟開過刀、或裝過心導管支架，就很可能是心臟出現問題所引起的心悸，建議**盡快到急診室**就醫。

〰 怎麼處理？

HOW TO DO

1 如果有前述嚴重的症狀，立刻就醫。

2 停止出力的動作，立刻休息，脫離讓人有壓力的情境。

3 停止喝咖啡、喝酒、喝茶、抽煙、嚼檳榔，這些提神的物質都可能引發心悸。作息正常、適度睡眠和運動。

4 糖尿病的病人如果有血糖機，應立刻測量血糖，因為太低或太高血糖，也可能感覺到心悸不適，如果血糖低於 70（毫克／分升），應立即補充糖分；如果血糖高於 300（毫克／分升），多多補充水分外，同樣需要就醫治療。

5 **懷孕**會讓女性更常覺得心悸，為了供應小寶貝的血流，媽媽要生產出比平常更多量的血液。為了運轉這些增加的血流，心臟就必須做更多的工作，跳得更快、跳得更有力，於是心悸的感覺也會比平常常見。

🫀 什麼時候該去急診室？

如果心悸的**症狀持續**，休息沒有改善，或是合併以下任一症狀：**眼前一黑、暈倒、喪失意識、冒冷汗、胸痛、喘、吐血或解黑便**，都應該立刻到急診室處理。

🫀 在急診會如何治療？

❶ 對症狀已經改善的人，通常會進行 10 秒鐘左右的心電圖檢查，可以分析這 10 秒中有沒有心律不整、或是心臟受傷的情形，但是通常要在不舒服的當下，才比較容易發現心臟亂跳的證據。

❷ 如果懷疑心臟缺血、或是心電圖上有異常，病人需留院觀察，視情況抽血檢查。

❸ 如果評估沒有立即的異常，通常會建議到心臟科門診，做 24 小時更長時間的心電圖檢查，更完整的評估。

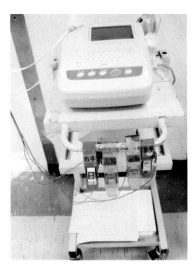

心電圖機器

💓 就診時的注意事項

1. 心悸如果沒有症狀，通常不需要用藥，如果有藥物過敏史，或是孕齡女性有懷孕，請主動告知醫護人員。

2. 發作的時間多久？多久一次？

3. 什麼樣的情況下會發生（譬如說出力、突然站起來）？

4. 有什麼一起發生的症狀（以下任一情形：眼前一黑、冒冷汗、胸痛、牙痛、頭暈）？

5. 過去有什麼樣的心臟病（心律不整、心臟缺血）？

6. 過去有沒有糖尿病？甲狀腺疾病？腎臟病？

7. 最近有沒有小腿或腳水腫、解黑便、發燒、容易出汗、手抖或非預期的體重減輕（甲狀腺疾病）？

8. 跟平常比，是否有過量喝咖啡、飲酒、吃檳榔、抽煙、喝茶的情況？或是失眠、熬夜？

9. 最近有吃什麼藥？感冒吃鼻塞的藥？氣喘在服用氣喘藥？心律不整已經在服藥？

10. 有沒有使用毒品？毒品常常是興奮劑，會讓心跳加快，甚至心臟缺氧。

什麼事情必須做？

1. 測量體溫，看有沒有發燒。

2. 多休息，適度運動。

3. 如果發生心悸，可以用手指摸手腕上的脈搏，用手錶或時鐘計算 1 分鐘的心跳次數。

4. 如果心跳低於 50 下 / 分鐘，或是高於 100 下 / 分鐘，就可能是因為心跳過快或過慢引起的心悸，需要就醫檢查。

什麼事情不該做？

① 避免咖啡、喝酒、喝茶、抽煙、嚼檳榔。

② 不要熬夜。

③ 不應該使用安非他命、古柯鹼、拉 K 等毒品。

❤️ 建議回診科別

心臟內科

Q 什麼是心律不整？

心臟一天要跳 9 萬下，可以想像成是一個高速運轉的馬達，我們之所以平常都不會感覺到心跳，是因為心臟是一條通暢的高速公路，心跳從心房發動後，輪到心室，最後到心尖，流暢的情況下就不會產生不穩定的亂流。

但是反過來說，如果發動的位置不只一個、或是這些道路有塞車，就會像是一個樂團同時有好幾個指揮、好幾個主唱，這樣心臟就不能穩定而有效率的讓血液流通，所以會產生症狀。心律不整只是心臟亂跳的通稱，從心房、心室，不同地方發出來的心律不整，名稱和處理方式也都不相同，需要專業的醫生判定。

Q 做心電圖會不會很可怕？

心電圖會用金屬片接在四肢的手腳，並不會通「電」，其實是完全沒有感覺的檢查，只要配合著不亂動，10 秒鐘左右就可以完成檢查。

PART 6

跟肚子相關的急症

▶ 25 吐深咖啡色液與解黑便　　　232

▶ 26 肚子痛怎麼辦？　　　243

▶ 27 腸胃炎　　　254

吐深咖啡色液與解黑便

親愛的小紅帽，人們相信，眼睛看到的東西不會騙人，如果不知道說的話是不是真心，只要直視他的眼睛，就可以看到靈魂。

到底眼睛能不能信，眼睛看到的東西是否為真，爸爸其實是存疑的。但是**有件事情不會騙人，是馬桶告訴我們的事**。在你通體舒暢的解放完，按下沖水開關時，請再回頭看看，不管人如何善變，至少便便是真心的，它最直接反應我們腸道的狀況！

❤️ 大便要怎麼看？

首先是大便的形狀、重量是不是維持一貫的水準，做人最重要就是要跟自己比，回想一下這幾天吃進來的量，交出來的貨就應該有多少。

形狀怎麼看？如果不成形，拉多次黃水便可能是腸胃炎（請參考 P254

「腸胃炎」）；如果太乾太硬，提醒我們可能水喝得不夠、運動不多、有便祕的情形；如果每次做出來的形狀越來越細細長長，可能腸道裡面長東西，讓大便經過加工擠壓，所以粗細有了改變。

➕ 大腸到肛門間的出血

再來是大便的顏色，讓我們看看下面這張圖：

左邊的便便「旁邊」有**鮮血**，有時血滴到馬桶裡，幾滴血看起來就是一缸紅，會嚇「屎」人的，代表**大腸到肛門間的出血。最常見的原因是痔瘡**，或是便便太硬，硬擠過小菊花（肛門）的時候造成擦傷或裂開，這種鮮血量都很少。如果要確定原因，需要進一步的檢查，譬如說大腸鏡。

如果是看到大便裡的「內容物」紅紅的，可以回想一下這幾天吃的東西，有沒有讓人懷疑的嫌疑犯，譬如說紅蘿蔔、紅肉西瓜等，消化不完全的時候，可能就以未加工的樣子呈現，但通常只會解 1～2 次，持續的顏色異常就該就醫。

> 小朋友的便便如果呈現紅色，哭鬧不休或是一陣一陣肚子痛，要小心腸套疊，不在此討論，本章節討論的對象為成人。

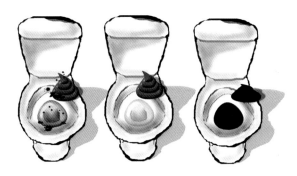

中間是形狀、大小、顏色都正常的便便；左邊是帶鮮血的便便；右邊是黑泥便，代表可能腸胃出血

！鮮血便

如果是左邊圖的鮮血便，常見的原因是痔瘡出血，或是在大腸到肛門間有發炎、長東西等等，**完整的檢查需要進一步做大腸鏡。**
進行大腸或直腸鏡之前，需要低渣飲食 3 天，充分的浣腸和排便，讓宿便都排除乾淨，才不會被便便擋住視線，如果情況允許，通常會安排在有例行檢查的門診時段，再進行檢查。

如果是右邊的黑便，尤其是像**馬路上柏油未乾的瀝青、不成形的軟便**，帶有一種垃圾桶裡沾血的衛生棉放太久的血腥味、惡臭味，這就是**胃和上半段腸子出血**的正字標記。

這種黑很經典，帶著烏亮的光澤和強烈的氣味。如果你是星際大戰迷，這種黑色就是老戴著呼吸器的黑武士：帝國軍統帥達斯・維達（Darth Vader），盔甲面具上泛著油光的黑色。

如果出現這種黑得發亮、不成形的軟便，尤其是一次以上，胃和上段腸子出血的機會就很高，**常常不一定會有胃痛或是肚子痛**的情況。

 解烏亮黑便

- 最常見的原因之一是**潰瘍**，現代人壓力大，三餐不正常，如果又抽煙、喝酒、酗咖啡，潰瘍的機會就會增高。
- 部分減輕發燒、發炎的止痛藥會有傷胃的情況，如果對胃部的傷害嚴重，造成潰瘍出血，就可能解出烏亮亮的黑便。

嚴重的情況

當從胃腸流出去的血量**多**，就會有**頭暈、心悸、胸悶，或是在解大量黑便後昏倒**的情況，這就代表出血量多又猛，必須盡快打 119 送醫。如果形狀完美、但顏色較黑，或正常的便便裡帶有黑色的內容物，可以想想最近**有沒有吃米血糕、麻辣鴨血或是吃鐵劑等可能讓便便變黑的東西**，持續的解黑便仍需檢查便便有沒有潛血（檢驗才看得到的出血）。

💙 看嘔吐物判斷腸胃出血

　　除了馬桶可以告訴我們的事以外，**吐血**或是**吐咖啡色**的東西，同樣代表在**食道或是胃和小腸正在出血**。如果是有肝硬化的病人，吐出鮮血或吐咖啡色的液體，常暗示是大血管在流血，是生命危險的嚴重情況，必須馬上送醫！

💙 成因

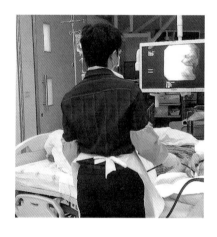

　　在胃到腸的出血，要找出確切的原因，要透過**胃鏡**或是**大腸鏡**等「深入」身體裡的檢查，無法透過抽血、X光、超音波、電腦斷層或核磁共振來檢查。雖然一般人聽到要把一條長長的東西，像是吞劍一樣，吞或是塞進身體裡，都會不寒而慄，但目前先進的內視鏡檢查，除了「管子」越來越小巧，也配合使用一些讓人放鬆的藥物，大幅減輕檢查的痛苦。

💙 怎麼處理？

HOW TO DO

1　　當眼前的對象出現腸胃出血的症狀，確切的證物可以在馬桶裡或是在失禁的褲子裡發現，或是在地板上、吐在洗手台或是地板的一灘咖啡液體、鼻胃管裡出現的咖啡液塊。

2 讓他**側躺**：保持讓低水位的血量可以供應全身，所以讓他躺下，**頭低腳高**，拿東西墊高腳跟，讓重要的腦部或心臟可以充分的運用僅存的血量。如果會嘔吐，讓他側躺，避免嗆到嘔吐物。

3 如果會頭暈或不舒服，盡可能減少搬動或走動，避免虛弱地昏倒或跌倒受傷。

4 如果失去意識或無法呼吸，先派人打 119 後 CPR 急救。

5 安慰他，並且保持鎮定。

6 記得自己是關鍵而且能夠幫忙的，安慰他，同時自己保持鎮定而且頭腦清晰，準備好執行下一步。

7 **記錄情況**：記錄嘔吐或解便的大約時刻，概略的**估計嘔吐物或便便的分量**（可以說幾碗裝或是幾個養樂多瓶，用容易量化的東西為單位，碗的容量約 300 c.c.，養樂多一瓶約 100 c.c）。

8 在 119 到達或就醫前，可以盛裝一小部分的嘔吐或便便，更聰明的方法是**拿起你的手機，拍攝下來給醫生看**。

9 **不要吃東西或喝水**。如果要喝水，不要吞下肚，只可以漱口。在胃鏡檢查前，需要 8 小時以上的空腹時間，如果肚子裡食物還很多，檢查或治療就會被這些障礙物影響，造成檢查不完全或治療不完全，所以在送醫前，不要讓施救的對象吃東西、也不要把水喝進去。

💓 怎樣算嚴重？

➕ 出血量多

❶ 持續的出血，**量多、多次的**吐咖啡色液體或是解黑油亮便，應該盡快就醫治療。

❷ 如果**有胸悶、胸痛、冒冷汗、昏倒或快要昏倒、頭暈站不住**，代表出血量多，要立刻送醫。

❸ 如果本身有在**吃抗凝血藥物**、包含**肝腎功能不良**可能影響到凝血功能的情況，出血不容易止，也應該盡快就醫。

❹ 過去有慢性肝病（一天到晚喝酒也算），或是已知有**肝硬化**的病人，出血兇險，如果持續吐血、吐咖啡色液體或解黑便，可能是血管一直啵啵啵的噴血，隨時命在旦夕，更要火速送醫。

➕ 突然發生的嚴重肚子痛（胃穿孔）

許多人潰瘍其實不會感到疼痛，如果痛起來是上腹心窩這邊悶痛、隱隱作痛、一直有胃酸、胃鄒鄒（台語）、胃度度（台語）。但如果一段時間後，突然很痛（劇痛，常常在吃東西時發生，因為食物會引起胃酸兇猛的分泌），要馬上就醫。因為潰瘍如果侵蝕得太深，在穿過胃壁時，比檸檬還酸的胃酸就會「啵」一聲噴進肚子裡，讓整個上半部的肚子劇烈的發炎，這種情況需要開刀手術，必須盡快就醫！

💓 什麼時候該去急診室？

如果出血量多，吐血、吐咖啡色液或解黑便、血便的量多又快，或是有頭暈、昏倒或快要昏倒、胸悶、胸痛、冒冷汗、站不穩，就要盡快打 119 送醫。另外，如果出現持續嚴重的上腹痛，也應該盡快就醫評估。

① 急診醫師的主要任務是排除需要開刀的腸胃穿孔，如果出血量多，需要打點滴和輸血讓血壓回穩，並且在確認是腸胃出血後，安排內視鏡的檢查和治療，同時在點滴裡打進止血藥，在病人進行內視鏡檢查前盡可能維持最好的狀態。

② 評估病人出血的風險，安排門診或住院。

➕ 內視鏡是種檢查，更是一種治療！

許多醫院都有在麻醉科醫師的協助下，進行「無痛」的內視鏡檢查，過程就像手術開刀一樣全身麻醉，醒來以後甚至完全不知道發生「過」什麼事，就可看報告，不過這種「無痛」的檢查，通常需要自費負擔麻醉費用，也許衡量病患本身的狀況是否穩定適合。

這些內視鏡的檢查，除了可找到確切原因對症下藥外，還可在檢查中進行治療，譬如說用線綁住在噴血的血管，找到潰瘍出血的地方打止血針、或用熱能把出血點燒灼起來。另外，如果遇到懷疑長東西的情況，可在檢查中順便切片或切除息肉，避免需要再次檢查的痛苦。

➕ 做內視鏡的注意事項

① 過去做胃鏡或大腸鏡有沒有失敗的經驗？如果需要無痛檢查，過去有沒有麻醉藥物過敏？

② 有沒有使用抗凝血劑或血小板抑制劑、攝護腺肥大、青光眼、心臟病、心律不整、心臟開刀（換心臟瓣膜）？

③ 有沒有結核病、肝炎、愛滋病或其他傳染病（請主動告知醫師）？

④ 有沒有戴活動式假牙（在做胃鏡前要取下，避免發生危險）？

⑤ 大腸鏡檢查需要連續 3 天的低渣飲食，吃瀉藥和灌腸，完成大腸鏡前的準備。

❤ 就診時的注意事項

除了過去有沒有藥物過敏、孕齡婦女有沒有懷孕可能以外：

① 過去有沒有**肝病**？是不是有酗酒習慣？有沒有食道靜脈出血病史？

② 有沒有暈倒？有沒有胸悶、胸痛或喘？

③ 吐血、吐咖啡色液、解血便或黑便的**時間、次數、份量**（粗略估計是幾碗公、幾罐養樂多？）

④ 過去有沒有腸胃道出血的病史？肚子有沒有開過刀的記錄（譬如說胃部分的切除）？

⑤ 有沒有服用心血管藥？**抗凝血藥物？**

⑥ 有沒有發燒？

⑦ 最近有沒有吃止痛消炎藥？

⑧ 最近有沒有吃過鐵劑？

⑨ 如果是不常去的醫院，過去健康檢查或在其他醫院有沒有貧血，血紅素的數值是多少（如果記得的話）

⑩ 有沒有對輸血過敏？

⑪ 最後一次吃東西、喝水的時間是幾點？

什麼事情必須做？

➕ 胃或上段腸子出血

在完成胃鏡檢查後，如果想進食，**必須請教醫師**，如果出血嚴重，可能需要 1 天左右的空腹時間，讓破損的潰瘍修復。如果經醫師評估，可以吃東西，先從喝少量水開始，因為胃鏡檢查通常會在口腔噴麻醉藥，所以吞嚥需要一點時間恢復。如果喝水沒有問題，再吃一些清淡的東西，如白稀飯或白吐司；如果都沒有不舒服，再漸漸恢復正常飲食。

✚ 大腸到肛門出血

多吃高纖蔬果（每天五蔬果）、多攝取鈣質（如牛奶），多運動，避免長時間久坐不動，多喝水（軟化便便）。不把茅房當書房，不要長時間的坐在馬桶上，這會讓懸空沒支撐的肛門容易長痔瘡，擦拭肛門的時候要溫柔。

！注意事項

配合醫師完成潰瘍或是其他腸胃出血的完整治療，如果是幽門螺旋桿菌引起，需配合醫師抗生素的完整療程。

什麼事情不該做？

① 少喝刺激性的東西，如抽煙、喝酒、咖啡、麻辣鍋。

② 避免熬夜、狼吞虎嚥。

♥ 預防的方法

① 便便完，沖水前習慣回頭再看一眼，可辨認出異常的情況。

② 如果在胃鏡或大腸鏡做完一段時間後，突然發生腹膜炎的跡象、或是發燒、持續胸痛，需要盡快就醫。

注意腹膜炎

上腹硬得像石頭，完全碰不得；或壓肚子後，斗然放開，疼痛會加劇；跳躍或震動到時疼痛會加劇（請參考 P243「肚子痛怎麼辦？」）。

❤️ 建議回診科別

腸胃科（消化內科）、一般外科或大腸直腸外科

Q 胃鏡檢查時需要空腹多久？是不是連水都不能喝？檢查時間會多久呢？

通常需要**空腹 8 小時以上**，所以如果是明早要做胃鏡，在晚上午夜 12 點以後就不可以吃東西，也不能喝飲料，如果口乾舌燥，可以漱口潤濕嘴巴；如果是下午要檢查的話，就是早上 7 點以後不能吃東西、喝飲料。

如果要喝水，可以喝少量開水，不要太熱，最好用手背確認過不要燙手為原則。一般而言，醫護人員會要求連水都不要喝，為的是避免誤喝飲料（可能會脹氣、刺激腸胃蠕動），或是喝太燙的開水，原則上，如果只喝微量的冷開水，不會影響胃鏡的進行。

胃鏡檢查的時間通常在 10 分鐘以內，但是如果出血量大、止血不易或是需要切片檢查，就會花長一點的時間；另外，接受檢查時的配合也是胃鏡順利的關鍵。

現在的胃鏡比我們的小指頭還細，在檢查前會在口腔裡噴麻醉藥、打讓腸胃放鬆的藥，在進行檢查時，採側躺的姿勢，咬著一個張口器進行檢查，過程如果不舒服都可以隨時向檢查的醫師反應。

最主要的不舒服是管子通過咽喉會引起的作嘔感，要能夠順利的完成檢查，就要專注的深呼吸，長痛不如短痛，好好配合個 10 分鐘，大多能順利完成檢查。另外，通常在胃鏡檢查完，可能會有喉嚨痛 1～2 天的情況，通常會自行消退。

Q 從午夜就不能吃東西，早上要吃的藥（血壓藥、糖尿病藥）該怎麼辦？

如果胃鏡檢查是在早上進行，通常完成檢查以後再服用即可；因為需要空腹 8 小時，擔心血糖會太低，所以**早上的血糖藥通常不需要吃**（因為沒吃早餐）。如果出現低血糖症狀，可以服用糖水補充（請參考 P180「低血糖的急救」），但是不要吃東西，細節在安排檢查時須請教醫師。

Q 不做胃鏡直接吃潰瘍藥可以嗎？

許多人視胃鏡或大腸鏡檢查跟血滴子一樣，是出名的恐怖刑具，但如同前面所述，胃鏡或大腸鏡不只是檢查而已，**並且是重要的治療**，也是對症下藥的關鍵。如果沒有經過內視鏡檢查，只是盲目的治療，就可能**忽略掉腫瘤或是找到確切病因的機會**。

另外，依照目前現行的健保制度，使用高單價的潰瘍藥需要有內視鏡檢查的報告。如果沒有進行胃鏡檢查，通常需要自費負擔這些，如果經胃鏡確認，可能可以由健保給付的藥物。

Q 為什麼在急診室等很久還沒做到胃鏡？

在急診室安排的檢查，需要跟門診排的檢查一起排時間，因為急診的檢查是臨時開立的，必須要配合原本排定的空隙，安插檢查，所以急診的醫護人員沒辦法告知一個確切的時刻表，而且需要與檢查部門之間密切配合。

為了流暢的處理急診室來診的病患，**急診的同仁比任何一個病人或家屬都希望可以盡快安排到檢查**，決定病人的處理方針。急診的病人雖然有急症在身，以急件處理，但是檢查部門的人力有限，必須要同時消化既有的和臨時安插的檢查。如果真的感覺等待時間過久，請善意的體諒，適度的提醒，醫護人員將會非常感謝您的配合。

肚子痛怎麼辦？

腹痛是來急診室就診非常常見的原因，但是腹痛的原因，囊括肚皮從裡到外的所有器官，牽涉的系統層面廣泛，即使是充滿經驗的醫師，要正確的診斷每一個腹痛的成因，就像玩恐怖箱一樣，透過每一片症狀的拼圖，來確定躲藏在肚子裡的問題，充滿了挑戰。

因為肚子痛是每個人從小到大反覆發生的狀況，除非是痛得受不了，大家通常都會自行觀察一下症狀，如果**持續疼痛而無法改善的話**，就應該前往就醫。

注意事項

本章節討論的腹痛，限定成人、不是因為外傷產生的腹痛。不會表達的老人或是小朋友的腹痛，因為表達能力和語彙的限制，更加需要醫師完整的評估，來確認腹痛的真正成因。

❤ 嚴重腹痛的警訊

如果把討論的範圍，限定在嚴重腹痛，就會有下列的情況：

❶ 持續的腹痛（需要進一步尋找原因）。

❷ 嘔吐、腹脹、無法進食（可能阻塞）。

❸ 發燒、畏寒（可能感染）。

④ 上腹**硬得像石頭一樣**，完全碰不得；或是壓肚子以後，**斗然放開，疼痛會加劇；跳躍或是震動**到時疼痛也會加劇（可能是腹膜炎）。

⑤ 吐咖啡色液體、吐血；解不成形的、像是還沒乾掉前、鋪柏油路的暗黑色瀝青；或像頭髮一樣深黑色的黑便（可能是腸胃道出血）。

⑥ 合併冒冷汗、**撕裂性、爆炸性、或是刀割**的疼痛，從**前胸痛到後背的腹痛**（擔心血管或血管瘤破裂）。

⑦ 從上腹痛開始，痛點在兩天之內漸漸轉移到**右下腹**（可能是盲腸發炎的關係）。

腹痛裡最急最急的痛，是血管的問題（**第⑥點**）！這種痛痛起來，會像肚子被撕裂或是刀子切開般的痛，前面痛到背後，合併冒冷汗，甚至昏倒，這是急診室裡九死一生的大病，就算立刻到了醫院也不見得有得救！

💗 什麼是腹主動脈瘤？

50 歲以上、過胖、高膽固醇、抽煙的男性比較容易在肚子裡養出如同不定時炸彈的大血管血管瘤。因為長在肚子裡，所以又叫做腹主動脈瘤。這種病無色無味，卻是殺人於無形之中，一旦知道了（痛起來），就命在旦夕。

多年前電視上有則新聞，吸引過我的注意，鄧麗君的胞弟以 54 歲的年紀，因為腹主動脈瘤破裂猝逝，伴隨鄧麗君永遠甜美的歌聲，畫面是她胞弟送醫的影像，經過十多個小時的急救，仍然迴天乏術。

其實除了鄧先生之外，20 世紀最偉大的科學家──愛因斯坦，也是死於腹主動脈瘤！這個愛抽煙斗、愛亂吐舌頭的可愛老先生，在 62 歲那年，被診斷出腹主動脈瘤。

主動脈是人體最大條的動脈，就好像國道高速公路一樣，血流量最多，從心臟打出的血流會進到主動脈，經過胸腔，稱為胸主動脈，延伸到肚子（橫隔膜以下）就變成腹主動脈，可以從主動脈會有支線的血管延伸出來，供應各個部位的器官需求。

「那麼可怕的病，怎麼知道我有沒有？」要知道自己有沒有腹主動脈瘤，可以透過健康檢查的超音波或是電腦斷層，但更重要的是維持一個健康的作息、少抽煙、多運動、避免過胖、避免膽固醇過高。

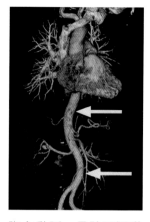

腹主動脈，是肚子裡動脈的高速公路

❤️ 依腹痛的位置區分原因

➕ 以肚臍分割成四個象限

依照腹痛部位的不同，我們可以把肚子分成以下幾個部分，來判斷腹痛對應的成因：以肚臍為中心，可以把肚子分成右上、右下、左上、左下四個象限，分別對應不同的器官：

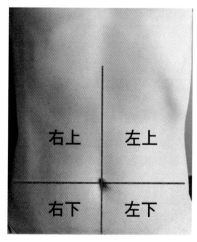

肚子以肚臍分成四個象限

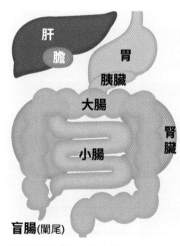

肚子裡的器官示意圖

✚ 左上腹痛

左上腹和上腹部分，主要的器官是**胃、十二指腸，以及胰臟**。胃和十二指腸從食道接收食物，分泌消化液（胃酸）處理食物，空腹時間過久（沒吃東西）、或夜半時分，胃酸分泌過多，卻沒有可以消化的食物，胃酸就會反過來侵蝕胃壁。這是一種隱隱作痛的感覺（**悶痛**），等到開始痛起來，因為胃壁已經受傷，這時候如果才吃東西，胃酸就會大量分泌，因為吃東西加劇，吃胃乳而改善。

很多人因為胃乳看起來就像牛奶，認為胃痛的時候喝溫熱的牛奶可以改善症狀，但是以醫生的看法而言，牛奶是蛋白質含量很高的東西，會大量增加胃和十二指腸負擔，讓已經生病的它們，更加痛苦，更加疼痛。

在檢查方面，胃和十二指腸，因為抽血不能檢查到這兩種器官，如果持續胃痛，詳細的檢查應該考慮胃鏡，因為胃鏡可直接看到胃壁的實際狀況，所以能確定胃痛的成因，究竟是發炎、潰瘍或穿孔。潰瘍是胃酸侵蝕胃壁，在胃壁上造成坑洞，為了把這件事解釋得讓病人比較容易理解，做胃鏡的腸胃科醫師，會用破皮、破洞來形容。雖然一想到就讓人怯步，但**胃鏡既是一種檢查，更是一種治療**，可以針對出血嚴重的地方止血，是最關鍵的處置。

既然潰瘍是胃壁上形成的坑洞，如果這個坑被胃酸越吃越深，吃穿了胃壁，就會變成「胃穿孔」。胃穿孔造成的破洞，會讓胃酸突然漏出來，侵蝕到肚子裡，造成胃痛一段時間後，突然的大痛，這情況算是一種需要盡快開刀手術的急症。

盲腸炎的特徵

- 上腹痛在 48 ～ 96 小時內轉移到**右下腹**。
- 輕微發燒（通常不會是超過 39 度的高燒）。
- 在右下腹慢慢的往下壓，**突然放開，疼痛會加劇**，清楚地感覺到肚子來回反彈的疼痛；跳躍、震動到、單腳跳會特別痛，這些是腹膜炎的症狀，需要盡早就醫。
- 反胃、吃不下東西。

胰臟分布的位置跟胃差不多一致，在上腹到左上腹的位置，通常因為喝酒、膽囊結石、三酸肝油脂過高造成發炎。曾經發作過的人，可以一再反覆發生。透過抽血檢查胰臟指數，配合腸胃科超音波、或是電腦斷層檢查，可以來確定胰臟發炎引起的腹痛。

另一個需要考慮的臟器就是脾臟，它是一種造血的器官，不過脾臟較少造成腹痛。如果左腹痛的疼痛，會牽連到左腰，尿路結石也是一個可能的原因。

✚ 左下腹痛

左下腹主要的器官是**小腸、大腸和左邊的輸尿管。**

✚ 右上腹痛

肚子右上部分，主要的器官是肝臟和膽囊，以及後腰的腎臟。肝臟是一個非常自閉的器官，只有在最外層能夠感覺到疼痛的神經，即使發炎很厲害，除了腹脹通常不會感覺到明顯的腹痛，很少是造成腹痛的原因（腎臟尿路結石引起的腹痛請參考 P264「尿路結石」）。膽囊是幫助我們消化油脂的器官，位在肚子的右上角。

膽囊結石的痛，一開始通常會痛在上腹的中間，如果結石卡在膽囊的出口，造成膽汁排得不順，就會造成膽囊發炎，疼痛的位置會逐漸偏移到右上腹。此外，膽囊發炎也會造成眼白和手指指甲泛黃（黃疸），小便偏紅褐色。

✚ 右下腹痛

右下腹主要的器官是小腸、大腸、闌尾（盲腸）和右邊的輸尿管。其中最重要的就是盲腸炎，因為盲腸發炎久了，破裂造成盲腸裡細菌感染的髒水漏出來，引起更厲害的細菌感染。外科醫生因此必須把肚子傷口拉大，才能把發炎的部分清理乾淨。持續右下腹痛的病人，或是兩、三天之內，上腹痛有轉移到右下腹跡象的朋友，需要盡早就醫，請醫生評估是否有盲腸發炎的情況，避免開小刀拖成大刀。

超音波檢查

說完了以肚臍劃分的四個象限後，還要講另一個把肚子分成上、中、下三個區塊的腹痛分類：

➕ 上腹痛

上腹痛除了剛剛說過，要密切觀察這個疼痛有沒有慢慢跑到右下腹之外，最主要就是四個器官：**胃、十二指腸、胰臟和膽囊**。要特別小心突然的、瞬間的大痛，除了前面提到生死一瞬間的大血管出血，也要優先考量像潰瘍因為被胃酸侵蝕太深，造成穿孔的情況。

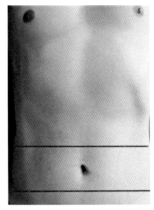

肚子以肚臍區分成上中下

➕ 下腹痛

下腹痛的器官有**小腸、大腸、膀胱**，另外在女性的話就包含了子宮、卵巢等生殖器官。

下腹痛要特別小心**腹膜炎**的情況：在下腹慢慢的往下壓，**突然放開，疼痛會加劇**，清楚地感覺到肚子來回反彈的疼痛；**跳躍、震動到、單腳跳，會特別痛**，要盡早就醫。

另外，在**女性**要特別小心**突然發生的下腹痛**，包含胚胎在著床的時候迷路，在子宮以外不應該著床的地方築巢，產生子宮外孕；或是卵巢打結，都是以突然發生的下腹痛來表現。

✚ 肚臍周圍痛

肚臍周圍的一陣一陣疼痛，通常代表的是**腸子痛（小腸、大腸）**，原因可能是發炎或阻塞。腸炎的病人，如同在 P254「腸胃炎」章節裡介紹的，通常會合併明顯腹瀉、拉肚子的症狀。

阻塞性的腸子痛，是小腸因為某種原因，沒辦法通順的蠕動，會感覺到肚子越來越**脹痛**，尤其是肚臍以上的地方特別痛。因為向下不通，累積在肚子裡的食物往下找不到出口，所以會**作嘔或是把食物吐出來**，吐出來的東西甚至會有大便的惡臭味；隨著**放屁或解便**，因為脹痛有了出口，氣消了**感覺症狀改善**。

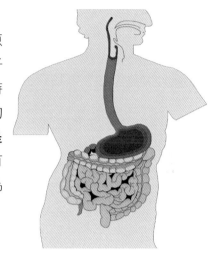

小腸盤據在肚臍周圍的位置

！ 腸子打結

只要肚子**曾經接受過手術**，不管是在孩提時代，或是幾十年前，肚子裡會像表皮割傷一樣出現疤痕。這些疤痕在肚子裡有時會變成像陷阱，或是隧道一樣狹窄的地方，腸子就可能在蠕動通過的時候被卡住、打結（腸沾黏）了，造成肚子脹痛越來越厲害，嚴重卡死的時候，甚至需要手術把腸子從這些致命的陷阱裡解救出來。

💓 什麼時候該去急診室？

如果持續疼痛或**越來越痛**、或是合併發燒、會冒冷汗、嘔吐到無法進食，都應該要就醫請醫生診治。

💓 在急診會如何治療？

要能夠正確的治療腹痛，前提當然是能確定腹痛的**原因**，所以醫生會依照您的症狀做判斷，肚子有沒有開過刀，持續的時間有多久，做出相對應的治療。有些病需要抽血來確定，有些是由症狀來研判，抽血不一定是必要的，譬如說懷疑胃潰瘍就無法透過抽血來確定，所以需要由專業的醫生來判斷。

💓 就診時的注意事項

① 有沒有懷孕：孕齡期間的婦女，如果有懷孕可能、或準備懷孕，在用藥或是放射線檢查（X光片、電腦斷層）前，**須先確定有無懷孕。**

（所以爸媽或是小姐、女士，當醫生、護士問您有沒有懷孕時，請不要再餵他們吃白眼了，他們提問的目的，是因為照X光、電腦斷層、甚至是用藥，都必須確定沒有懷孕。有性行為就有懷孕的可能，即使月經固定有來，「陰道的出血」也可能被「誤認」為月經，筆者就曾經遇過好幾個這樣的情況，最後驗孕的結果發現有懷孕。）

② 腹部有沒有開過刀？只要腹部開過刀，在腹腔裡就會形成如同身體表面一樣的疤痕，這些疤痕可能在任何時候，吃比較多，或是當腸子比較脹時，被這些暗藏在肚子裡的疤給卡住，這就是「腸子打結」，或是醫生口中的「腸沾黏」。

③ 腹痛的時間？是3小時？是3天？還是3週？

④ 腹痛怎麼痛？是一直痛？一陣一陣的絞痛？悶痛？刺痛？

⑤ 腹痛痛的位置在哪？如同前面圖示的部分，請用一隻手指，指出最痛的地方。

⑥ 有沒有會增加或是減少疼痛的情況？食物（吃東西）會不會更痛？身體往前傾斜、弓起來會比較不痛？

⑦ 有沒有小便的症狀？有沒有尿尿會痛？尿完了是不是還一直想解尿？有沒有血尿？

⑧ 過去有沒有糖尿病病史？最近血糖控制得好不好？有沒有自體免疫方面的疾病？

⑨ 有沒有藥物過敏？

⑩ 在這次就診之前，有沒有去過其他醫院或是診所？做了什麼樣的檢查治療呢？

⑪ 請不要喝水、不要吃東西！因為進一步的檢查，包含電腦斷層、腹部超音波、或是胃鏡、甚至是手術都需要一段時間的空腹，所以除非經過醫師同意，暫時都不要吃東西、也不能喝水。

什麼事情必須做？

清淡飲食，最好**吃粥或白吐司**，這兩種東西最單純，容易消化。刺激性的東西，如酒、抽煙、重口味、太辣、太鹹或太甜的東西都要忌口；奶、蛋、油炸的食物、難消化的食物也是大忌，吃這些東西可能讓肚子痛的情況突然嚴重起來。

什麼事情不該做？

腹痛的時候通常不應該進食，但是空腹也以一餐為限，如果持續腹痛，應考慮就診，請醫師評估。

肝膽胃腸科（消化內科）、一般外科

Q 是不是所有的肚子痛都可以找得到原因？

其實根據專家的研究，**三分之一**的腹痛都是**無法找到明確的原因**的，這個比率或許會讓您很吃驚！（那我幹嘛還去看醫生？）

但是這一類的肚子痛，不管有沒有吃藥或是治療，通常都會自己改善；相反的，如果有確切的原因引起，腹痛通常都**會持續**，如果已經就醫過，肚子痛的情況卻持續沒有改善，甚至變嚴重，就應該請醫生再一次評估，看症狀上有沒有變化（譬如說原本沒發燒，現在開始發燒了；原本沒有痛到右下腹，現在開始痛了等等）？

所以肚子痛，除了就醫、醫生的評估之外，也需要您**持續的觀察返家後症狀的變化**，如果有本章節提到的「嚴重腹痛的警訊」（見P243）出現，就應該立刻返診。

！一句重點

有發燒或是腹膜炎、或是越來越痛的肚子痛要盡快就醫。

肚子痛處理要點

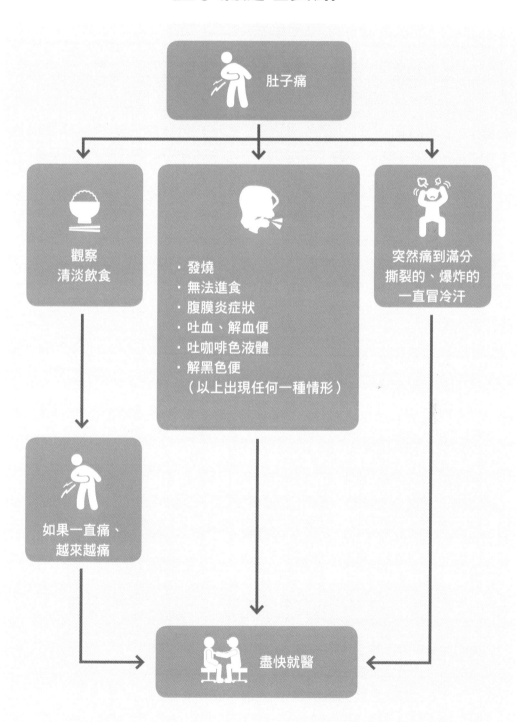

肚子痛

觀察
清淡飲食

· 發燒
· 無法進食
· 腹膜炎症狀
· 吐血、解血便
· 吐咖啡色液體
· 解黑色便
（以上出現任何一種情形）

突然痛到滿分
撕裂的、爆炸的
一直冒冷汗

如果一直痛、
越來越痛

盡快就醫

腸胃炎

俗稱「落屎」的腸胃炎，包含人體的兩種器官，一是**胃**，一則是**腸**。胃在肚子的上半部，連著食道就到嘴巴，發炎起來上腹脹脹痛痛的，會反胃或嘔吐，常在腸胃炎一開始時候，先以嘔吐的症狀打頭陣。

腸子蜿蜒纏繞在肚臍周圍的肚皮底下，發炎時肚皮會像玩波浪舞一樣快速蠕動，在肚臍附近引起**一陣一陣的絞痛**，甚至蠕動時發出的咕嚕咕嚕聲都清晰可辨，就像在餐桌上等媽咪上菜，肚子餓敲碗時聽到的那樣。

這種痛，一痛起來會讓人全身鬆軟無力，一陣一陣的有如海浪襲來，**一下子痛、一下子不痛**，如果肚皮底下的波浪舞多來個幾回，下一個感覺就會讓你馬上直衝廁所，與馬桶合體，盡情奔放。所以腸炎的要件就是**大量、多次的稀水便，合併一陣一陣在肚臍周圍的絞痛**。

水便的量一定要多，如果不是以軟水便為主要的表現，很多其他的病都可以讓肚子絞痛，包括便秘、腸子打結（腹腔手術後沾黏）、腸套疊都可以讓肚子一陣一陣的痛，讓人在廁所努力奮鬥半天卻一無所獲（拉不出來），就不能以「腸胃炎」等閒視之。

所以腸炎一定要有大量或是多次的水便！

💗 症狀

大量多次的稀水便，一陣一陣的腸子絞痛，甚至可以聽到咕嚕的聲響，可能合併反胃、嘔吐、發燒、倦怠和痠痛。

💗 成因

大部分的腸胃炎都是因為病毒感染所引起，但是比較嚴重的感染，尤其是**高燒、或是帶膿、帶血的便**，就可能是**細菌**感染造成的。

輪狀病毒和**諾羅病毒**是造成拉肚子最常見的原兇之一，這兩隻在**秋冬**特別肆虐猖獗的病毒，因為**傳染力很強**，可以透過大便完沒用肥皂把手洗乾淨，或是打噴嚏、咳嗽、口水，一家人相濡以沫相互傳染，所以一家大小總是兒子傳給媽媽，媽媽傳給爸爸，阿公牽拖阿嬤，非要傳染過一輪才會平息。

為了讓人更容易理解這種腸胃炎，並不是因為吃到不乾淨的食物，有點像感冒互相傳染的狀況，國內外把這種類型的腸胃炎也稱為「腸胃型感冒」，但其實都是腸胃炎的一種。

因為咳嗽和流鼻水的鼻涕都可以傳播這些病毒，所以如果有這些症狀，就應該心中有愛的**戴起口罩、勤洗手**，避免傳染給家人朋友，保護自己也保護家人。

！ 小朋友的口服疫苗

6 個月大以上的小朋友，可以自費選擇口服的輪狀病毒疫苗，在 6 個月～ 2 歲的小朋友如果感染，病情常比較嚴重，最需要疫苗的保護力，最好在 6 個月就開始兩劑的口服疫苗接種。

HOW TO DO

🧰 避免脫水

喝水或是吃東西，往往會促進腸胃千軍萬馬的蠕動，造成屁股想吐（拉肚子），所以腸胃發炎的人，常常得了「恐水症」，害怕喝水。

但是人體就像個蓄水池，每天喝進來的水，扣掉大小便、口鼻和皮膚蒸散出去的水分，左手進右手出，蓄留在身體裡的水分總量始終固定，維持一種恆定的狀態。

即使喝水會多拉幾次肚子，但**只要喝水的量，超過拉肚子排出去的量**，身體就可以維持這個恆定的狀態，立於不敗之地，直到腸子復原為止。因此持續的補充水分，避免只出不進，才能避免脫水。

🧰 吃清淡飲食

如果絞痛的感覺比較止歇，就可以吃一點加鹽粥或是白吐司，讓自己持續有體力對抗腸胃發炎，吃了再上。

腸胃炎讓人痛苦的還不止這一樁，如果胃發炎厲害，到口的食物進到肚子轉一圈，馬上又轉出來，吃什麼吐什麼，吐到黃黃苦苦的膽汁、酸水都冒出來。這時就不要勉強自己去，好好讓自己空腹 1 ～ 2 餐，如果嘔吐和肚子痛好一點，再嘗試喝水，吃粥或白吐司。

要能夠持續的補充水分，與腸胃炎持久戰的關鍵就是會不會嘔吐，如果一喝水或是一吃東西就會吐，那就無法居家自行處理，要到醫院打止吐針、由醫師評估是否脫水，是否需要打點滴。

🧰 空腹只要1～2餐

另一個問題是空腹，當肚子絞痛厲害時，禁食讓腸子放假休息，的確可以有效的改善症狀，但是持續太久的空腹，人體沒有養分的來源，看著別人大口吃肉、山珍海味，只能聞香和洗碗，這種身心靈的煎熬，時間久了讓人更加脆弱，忍不住前功盡棄的偷吃了一口，又墮入與馬桶為伍的無間輪迴。因此我們通常只建議空腹一餐，讓腸子休息4～6個小時的時間。

！拉肚子好不了的原因

在急診室裡，常常有病人因為腸胃炎復發，在馬桶上懺悔以後回來急診室，歸根究底就是吃東西沒有忌口。

在腸胃還在發炎中悲鳴，需要減輕工作量時，主人卻還吃喜酒、吃肉粽、喝牛奶、吃蛋糕，即使華陀在世，止瀉藥開得再好，腸胃只能跳出來罷工，抗議主人太血汗，反而拉長了腸胃炎的時間，要更久的時間才能大啖美食。

💓 怎樣算嚴重＆什麼時候該去急診室？

如果持續的嘔吐，因為無法喝水和進食，腸胃炎就變成身體打不贏的戰爭，這時候脫水的可能就大大增加，需要到急診室打點滴。

高燒、大便中有鼻涕一樣的膿、或帶血的便，就應該去急診室檢查是不是**細菌感染**引起的。此外，如果便便持續呈現深咖啡色或黑色，可能是胃或十二指腸潰瘍的警訊。

✚ 自我檢查有沒有危險的症狀

在家裡自我檢查一下，壓壓肚子，腸胃炎疼痛的地方應該在**上腹和肚臍周圍**，如果在肚臍的右下方有壓痛，或是**出現腹膜炎的症狀**（慢慢壓下去，突然放開會痛到大叫；一咳嗽就痛；單腳跳更痛），就應該立刻就醫請醫生檢查。

💓 就診時的注意事項

除了藥物的過敏史，孕齡女性有沒有懷孕外：

① 「落屎」是不是大量的稀水便（腸胃炎的重要條件）？

② 家人或是一同飲食的人有沒有一樣的症狀？如果有，可能是食物中毒。

③ 最近有沒有使用什麼平常沒吃的新藥？體重非預期、莫名其妙的減輕？

④ 最近有沒有出國（尤其是到東南亞、中東、印度等飲食衛生相對堪慮的地方）呢？

⑤ 有沒有發燒？大便有沒有帶血或帶膿？還是像咖啡色或黑色（腸胃出血）呈現呢？

❗ 止瀉小心過頭

止瀉最忌下猛藥，腸胃炎止瀉的目的是減少水分和電解質的流失速度，也讓病人不用一直擁抱馬桶，可以充分的休息。

腸胃發炎本來就有一定的病程和時間，如果貿然把腹瀉完全壓住，腸子被藥物抑制，反而造成腸子蠕動不佳、腹脹，又引起另外一種腹痛；如果是細菌感染引起的腹瀉，過度的止瀉也讓細菌殘留在腸道的時間更久，作怪的時間更長，不容易復元。

如果每天腹瀉的次數在三次以內，只要多補充水分，不吃難消化的食物，腸子經過充分的休養，就會逐漸康復。

什麼事情必須做？

🩹 多喝水

如果擔心電解質失調，藥局有賣符合我們身體需求、配好正確比例的電解質液（Oral Rehydration Solution），別擔心家裡的小寶貝不買帳，有水蜜桃、蘋果多種口味。

市售的運動飲料為了銷售，總是花大錢買廣告，讓人有種「可以補充電解質」的錯覺，但是為了宜人的口感，甜度很高，實際真正補充到的電解質含量低，直接喝的話，太甜容易拉肚子，電解質反而流失，**不建議**在拉肚子的時候飲用。

如果覺得電解質水價格太高，可以在家裡自製，但是需要注意比例，因為糖分太多，一樣會引起腹瀉；鹽巴加太多，對腎臟會造成負擔。

自製電解質水：將 6 茶匙的糖、1/2 茶匙的鹽巴，加入 1 公升的開水裡。

另外，**喝加鹽的胡蘿蔔湯、加鹽的米湯、或是天然的椰子水都是可行的替代品。**

🩹 階梯式飲食法

美食當前，卻只能安慰自己「不吃會瘦」真的很夭壽，到底什麼時候才能脫離吃什麼吐什麼的餓鬼道，就要採取「**階梯式飲食**」，一步一步的帶領你重返人間。

如果把腸胃炎空腹一餐後的起點算是地下一樓，把平時正常的飲食當作是一樓的話，從地下一樓往上走到一樓，從腸胃發炎到完全康復，可以正常飲食，需要一階一階的依序經過幾個階段：

空腹之後，依照病情的嚴重程度，通常需要 2 ～ 3 天的時間，才能循序逐漸爬上一樓，恢復正常的飲食，如果發炎的情況越嚴重，這個爬階梯的過程可能就會更久。

奶製品、蛋、油炸食物等無需忌口

清淡調理的肉類

容易消化的冬粉、白飯、麵食、蔬果

配點清淡小菜的粥、蘇打餅乾

吃加鹽的清粥、吃白吐司

喝水

什麼事情不該做？

第一天嚴格忌口，**吃粥、吃白吐司最安全**。當肚子還一陣一陣痛、有吐有拉的時候就要認命，吃鹽粥、白吐司、或饅頭。不要家人吃什麼就吃什麼，現在全世界山珍海味都不是你的菜，更別肖想奶、蛋、海鮮、豆漿、太油膩、油炸的、太甜太鹹的食物。

預防的方法

1. 勤洗手，病毒可以透過口鼻分泌物、排泄物傳染，所以最好戴口罩、多洗手，尤其在如廁後。

2. 平常可以多補充益生菌，益生菌能預防腸胃發炎。如果要出國旅行，尤其是到東南亞、印度或是非洲，這些食物清潔堪慮的地方，最好的作法就是「煮熟它（食物），煮沸它，不喝包裝不完全的飲料，不吃不用剝皮的水果，不然就忘了它」。

建議回診科別

腸胃科、一般內科

Q 如果就是充滿冒險犯難的精神，看到當地食物就非得要吃上一口，有沒有明哲保身的方法？

除了補充益生菌，增加腸胃裡的好菌以外；如果真的非得要吃，把那些看起來可能有疑慮的食物最先吃，譬如說生菜或是生肉等（最好還是不要），因為空腹的時候胃酸最多，殺菌的效果比較好。

腸胃炎處理要點

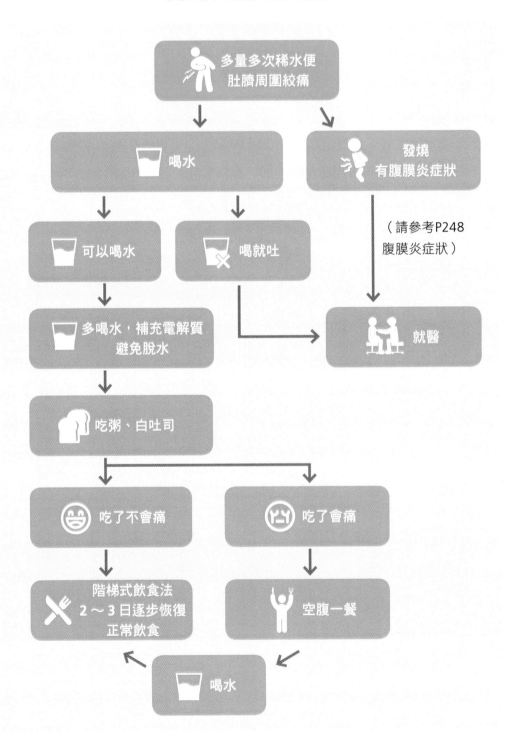

多量多次稀水便
肚臍周圍絞痛

喝水

發燒
有腹膜炎症狀

可以喝水

喝就吐

（請參考P248
腹膜炎症狀）

多喝水，補充電解質
避免脫水

就醫

吃粥、白吐司

吃了不會痛

吃了會痛

階梯式飲食法
2～3日逐步恢復
正常飲食

空腹一餐

喝水

PART 7
跟尿尿相關的急症

▶ 28 尿路結石   264

▶ 29 尿道炎／膀胱炎   272

尿路結石

夜半兩點，正是萬籟俱寂的時候，急診室的門口，一個中年的男子扶著腰，皺著眉頭，滿頭是汗，步履維艱的走進看診區。護士量過血壓，請他在候診區稍等，他卻是一整個坐立難安，走來走去，沒辦法坐下來。

從診間裡我認出這個男子，大前天，上個月，還有上上個月，最後的診斷都結石滑進輸尿管、卡住，痛到半夜醒來掛急診，平均一個月準時報到一次。「醫生，我這個『腎石傳說』不知道要演幾齣，什麼時候完結篇啊。」一看到又是我，操著台灣國語的男子不禁苦笑。

止痛藥沒有過敏，護士小姐在我問診同時，已經幫他打了止痛針。

「嗯？結石化驗的結果是草酸鈣耶，那你戒啤酒了沒？」我調出之前的病歷。「水有沒有每天喝兩公升？」「喝酒還有沒有配花生？」在阿杜連續的搖頭中，我看出他下定了決心繼續接演下一集的「腎石傳說」。

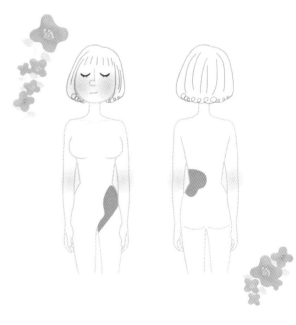

尿路結石疼痛的位置：分布在一邊的腰、背到下腹及鼠蹊部的位置，本圖以左邊輸尿管結石為例

❤️ 症狀

結石掉下來感覺到痛，是因為石頭在狹窄的輸尿管卡住，通常是「**突然**」的、身體一邊突發的背部痠痛，或是有下墜感的下腹痛，讓人**坐立難安，變換姿勢也不會改善**，會冒冷汗、反胃或嘔吐，在馬桶上蹲半天，想大便又大不出來的感覺。

當結石卡在輸尿管，輸尿管的肌肉就會努力的、認真的收縮，想把石頭擠下去，連帶影響到腸胃的肌肉也卯起來收縮，所以會**嘔吐或想大便**。

另外，當輸尿管的結石很接近膀胱時，疼痛會牽往胯下，像是蛋蛋痛一樣，也會有尿道發炎的症狀，像是**一直跑廁所**、每次都尿很少、尿完了還想尿、尿血等等。

❤️ 成因

產生結石的地方是收集尿液的腎臟，因為水喝不夠，匯集在腎臟的尿液就容易沉澱和結晶，就像鹽巴加太多在水裡會化不開一樣，當累積到一定大小，就可能引起症狀，如腰痠。

當結石從寬闊的腎臟掉下來，落在比較窄小的**輸尿管**，就可能因為卡住造成腰痛；或是石頭在下落的過程中，刮破輸尿管造成出血，形成血尿。

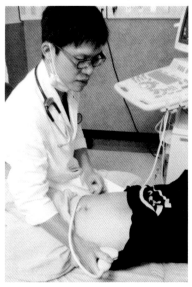

超音波是尿路結石的檢查利器

265

HOW TO DO

　　第一次、還沒被醫生確定是尿路結石的腹痛或腰背痛,建議就醫檢查,先確定不是其他嚴重的疾病所引起。如果**疼痛持續無法緩解**,或是疼痛後有暈倒、**失去意識**的情況,必須立即送醫。有感染症狀,如**發燒、畏寒**,或是尿尿像鼻涕一樣的**膿尿**,同樣應該立刻前往急診室治療。

！ 結石要小心合併感染

尿路結石的病人,因為尿尿被石頭卡住,排不出來,細菌就容易在尿液裡滋長,這樣的感染通常需要泌尿科醫生在輸尿管裡放一個管子,通暢尿液,才能成功治好感染。

❤️ 怎樣算嚴重?

　　如果腹痛和腰痛的原因,確實是因為尿路結石,除了要人命的疼痛,通常不會有立即的生命危險,但是必需在泌尿科門診追蹤,確保腎功能沒受到影響。

　　雖然小於 0.5 公分的結石,有九成的機會可以在四個禮拜內自己排出,但是在排出前,隨時都可能因為結石再次卡住而劇痛起來,就可能需要像故事中的男子一樣,跑一趟急診室或到診所打止痛針。

💗 在急診會如何治療？

急診最重要的任務是要確定腰痛或血尿的原因，因此要問清楚發作的情況，做尿液和 X 光片的檢查，並視情況是否需要超音波或電腦斷層檢查。如果沒有對止痛劑過敏，急診室裡有許多止痛藥物的選擇，可以止痛和讓輸尿管的肌肉放鬆。

但是尿路結石要一勞永逸的不痛，唯一的方法就是**結石從尿道排出來**，所以即使使用藥物止痛後，只要結石滑動、卡住，可能在幾個小時或是幾天之後，又再痛起來。

至於治療的部分，需要回到**泌尿科**，經由打石頭（體外震波碎石術）、或是用內視鏡去夾石頭的方法，將石頭取出或將大塊的結石打碎，讓結石變小顆，就有更高的機會可以自行排出。

💗 就診時的注意事項

除了藥物過敏史，孕齡女性有無懷孕之外：

❶ 當結石在 X 光片上不明顯時，有時需要做打顯影劑的檢查，如電腦斷層和靜脈腎盂造影。這些檢查需要事先空腹，如果就診時要吃東西或喝水，最好事先問過醫師。

❷ 如果有腎臟病或最近三個月之內有消化性潰瘍，請主動告知醫師。

❸ 過去有沒有副甲狀腺的疾病？有沒有高血壓？

❹ 有沒有發燒、畏寒，或是尿尿像鼻涕一樣的膿尿？

❗ 一句重點

要避免結石就要多喝水，少吃會產生結石結晶的食物。

什麼事情必須做？

每天喝 **2,000 ～ 3,000c.c.** 的水、少憋尿、多運動。另外，工作中、天氣熱或是運動後，也應該多補充水分，持續維持尿量，一方面可以避免結石，又可預防感染，是保護腎臟的重要原則。

什麼事情不該做？

如果發生過結石，飲食方面最好少吃鹽、少吃肉類，或蛋白質適量就好，必須節制。

❤ 預防的方法

➕ 定期回診

可以在泌尿科就診時，請教泌尿科醫生針對自己結石的成分，應該減少對哪些食物的攝取，像故事裡的男子是草酸鈣結石，就應該避免啤酒和堅果類的花生，才能根本的降低結石產生的機會。

一旦發生過結石，就有必要在發生後 3 個月左右**回到泌尿科門診複診**，並且定期追蹤，確保腎臟功能的完善，因為**超過七成的人，可能在 7 年內再度發作**。

✚ 飲食上的預防

飲食上的控制，主要是由**結石的成分**決定：草酸鈣結石和磷酸鈣結石的患者，是尿路結石的最大宗，要避免飲料如茶、生啤酒、咖啡、巧克力；堅果如可可、核果（腰果、杏仁）；水果的梅子、葡萄、橘子、藍莓、草莓；青菜的南瓜、菠菜、芹菜、西洋芹、韭菜、秋葵、茄子、青椒；豆類、豆腐等，因為這些東西草酸鹽的含量較高。

痛風結石的患者，可以**多吃蔬果**讓尿液維持**鹼性**，但要避免喝酒（尤其是啤酒）或是有酵母發酵過的乳酸飲料（養樂多、優酪乳）；海產的魚類、小管、魷魚、蝦子、蛤蜊、螃蟹（應該是都要忌口了）；紅肉（牛、羊、豬）；菇類等富含嘌呤（又譯作普林）的食物；避免蔓越莓（小紅莓）、梅子和李子（會酸化尿液）。

能夠產出石頭，最主要的成因就是鈣、草酸、磷酸或尿酸（痛風結石）的原料多，而能夠稀釋和溶解他們的水量太少，所以最重要的方法，還是養成定時定量多喝水，不要憋尿的習慣。

💓 建議回診科別

泌尿科

Q 醫生說 X 光片看不到結石，怎麼確定是不是結石引起的腰痛呢？

在 X 光片能不能看到結石，主要是跟石頭的大小和鈣化程度有關，如果鈣化程度越高的，也就是**成分越接近石頭的，就越容易在 X 光片上被看到。**

對於無法看到結石的病人，除了用症狀來判斷之外，可以做超音波、驗尿看有沒有血尿，或是打顯影劑，看顯影劑通過輸尿管時在哪個位置被卡住，流通得順不順，都可以協助判斷症狀是否為結石所引起。

Q 喝啤酒可以幫助排出結石嗎？

喝啤酒有利尿作用，但是一方面傷肝，一方面可能產生草酸鈣這種成分的結石，所以不建議用喝啤酒，**多喝水比較有益。**

Q 醫生說超音波上看到因為結石在下面阻塞，所以尿液排不出去，迴堵造成腎水腫，多喝水腎水腫會不會更嚴重？

腎水腫的原因是因為出口被結石卡住，所以只要結石可以排出，腎水腫自然就會消除，因此多喝水，幫助結石排出，才能根本治療腎水腫。

Q 坊間有化石草（貓鬚草）、也有一種坊間流傳的德國化石茶，吃了是不是能夠把石頭化掉？

化石草和化石茶的功能在於利尿，增加尿量於是容易把結石沖出來，但是卻不會讓石頭變小，實際的功能其實是「利尿」而非「化石」，所以重點還是要多喝水。

Q 如果健康檢查發現結石，但是沒有不舒服，是否需要治療？

如果報告發現有結石，建議到泌尿科就診，評估結石的大小和位置，和是不是對泌尿功能會發生影響，如果會影響到泌尿功能，時間久了，可能會造成腎功能變差；另外，這些結石也可能因為移動或掉落，造成突然的疼痛或血尿，甚至因為尿液排除不順，造成細菌滋生、泌尿道（小便）感染。

Q 血尿看起來量很多，會不會因為血尿流血過多？

因為一點點的血在尿液裡會擴散，造成全部的尿液看起來都是血尿，但是實際上結石刮破輸尿管的出血量一般都很少，所以不需要太過擔心。

尿道炎／膀胱炎

親愛的小紅帽，小熊阿姨和小糜姊姊相繼因為腎臟炎和出血性膀胱炎來醫院，讓你對尿道的感染充滿疑惑。小熊阿姨發燒，一邊的腰痛到直不起身子，一下發抖、一下又高燒。小糜姊姊解尿會痛，痛到不敢尿尿，解尿的時候還血尿，尿了一缸子血水，嚇壞糜媽媽。

「是女生都會尿尿感染嗎？將來我也會嗎？」你問爸爸。男生當然也會尿道感染，只是多了一段蠟筆小新的大象鼻子，所以泌尿道感染的機會就低很多。

在開始有性行為以後，男生和女生得到尿路感染的機會都會增高，因為在尿道口的細菌，就可以抓住闖進來的大象鼻子，一波一波的搶灘攻進尿道，像「蜜月型的膀胱炎」，就是說明在男女性行為後，發生的尿路感染，只是女生發生的機會，還是比男生高得多。

另外一個特別重要的情況是**懷孕下**的尿道感染，在懷孕時因為身體荷爾蒙的改變，以及肚子裡包含子宮和輸尿管的平滑肌，為了迎接小生命的到來，充滿喜悅的放鬆，所以細菌感染沒有阻攔，會更容易往上跑到腎臟，造成嚴重的感染，甚至影響到 baby 的安全。

這種在懷孕期間的感染，有時候完全沒有症狀，所以台灣地區，在懷孕開始做產檢時，會驗尿液檢查，尿道感染就是其中一項。

❤️ 症狀

尿道發炎的症狀，就是**頻尿**（解了又想再解）、**小便時會痛、有灼熱感**，尤其是**尿完的時候，酸痛會特別明顯**，有時候會痛到讓人覺得尿尿是一種酷刑，卻又不能不去尿。

雖然我們下意識覺得排洩物很髒，但正常的尿液**其實是無菌**的，所以化驗尿液的時候不會檢測到白血球。而女生因為不像男生有條像是水管延伸的這段長度，**尿道比較短**，陰部溫熱環境培養出來的細菌就比較容易爬進尿道裡。

細菌是微小到肉眼看不見的東西，移動的速度不快，如果上廁所的時間間隔太久（憋尿），才容易開始在尿道裡作怪。但如果喝水的量多，當然比較快漲尿，更早就會想解小便；尿量多，從尿道的尿液流量大，細菌爬坡爬到一半就被沖出尿道，沒有佔地為王的機會。

至於年紀輕的男性，尿道感染通常跟性行為有關。

❤️ 成因

細菌感染。乖乖待在膀胱或是輸尿管的尿液都是乾淨的，發生感染通常都是細菌從尿道口爬到尿道裡，造成感染，或是往上繼續爬到膀胱或腎臟。

你還在拉 K 嗎？

最後警告所有沉迷於拉 K 的年輕朋友，**拉 K 是反覆膀胱發炎的原兇之一**，拉 K 會讓原本健康的膀胱，因為反覆的發炎越來越小，為了一時的快樂，換成一世人的小膀胱，實在很不值得！

💓 怎樣算嚴重＆什麼時候該去急診室？

我們把尿道感染，區分為上、下泌尿道的兩個區塊。上泌尿道的部分指的是腎臟和輸尿管，下泌尿道就是膀胱和尿道，男生還有攝護腺。下泌尿道感染，因為細菌影響的範圍有限，通常吃 3 到 5 天的口服抗生素，配合多喝水、少憋尿，情況通常就能夠改善。

開始產生**發燒、發抖畏寒、或是腰痛**的時候，就代表感染的部位持續擴展，細菌感染長驅直入，從輸尿管已經上行到腎臟，甚至跑到血液裡，造成發燒的反應，這些情況經過醫師的評估，甚至需要考慮住院，打抗生素治療。

注意事項

男性攝護腺發炎，抗生素要深入組織困難重重，需要花更長的治療時間把濃度拉高。

💓 就診時的注意事項

❶ 因為尿道感染的治療，需要服用止痛和抗菌的藥物，所以如果對止痛藥，或是對抗生素有過敏，應該主動告知醫師。

❷ 如果最近因為尿道感染或是其他的感染病症，已經服用過或是打過抗生素藥物，這時疾病的表現會像戴上了面具，變得不易察覺，使用的抗生素也可能需要改變，需主動告知醫師。

❸ 孕齡期間的婦女，即使經期都固定有來，只要有性行為，就可能懷孕，在使用藥物前，最好先行驗孕，排除懷孕的可能。

❹ 如果有糖尿病、肝腎功能不良、使用類固醇、或是免疫功能不好的情況，治療可能比較困難，也必須告知醫師，確實配合完成療程。

什麼事情必須做？

① 因為尿道感染的治療，需要服用止痛和抗菌的藥物，所以如果對止痛藥，或是對抗生素有過敏，應該主動告知醫師。

② 必須按時吃藥，完成抗生素的療程，如果因為症狀改善，太早停藥的話，會讓尿路感染無法斷根，而存活下來的細菌就容易產生抗藥性，轉變成更難治療、更毒的細菌。

③ **多喝水、少憋尿**，即使沒有尿意，也要強制自己去上廁所，把尿排空。

④ **性行為前後，多喝水**，事後盡快排尿，把細菌沖到太平洋；如果有肛交，應該清洗乾淨，在變換通道，避免把屁屁的細菌帶到尿道裡。

⑤ 雖然仍有爭議，**早晚各喝300c.c.** 的蔓越莓汁，可以酸化尿液，降低細菌附著到尿道上的能力，預防尿道感染，但是要注意喔，蔓越莓的功效在於**預防**，當產生尿道感染時，還是需要藥物的治療才行。

① 女生在擦屁股的時候，應該由前往後擦，避免先擦到肛門附近，把肛門的腸道細菌擦往尿道附近，就容易造成感染。

② 不要憋尿。

③ 抗生素不可以在還沒吃完療程就停藥，不然會產生抗藥性。

💟 預防的方法

男性如果包皮太長，就容易藏污納垢，可以行割禮，愛自己也愛情人。

💟 建議回診科別

泌尿科、感染科、一般內科、婦產科（女性）

Q 泌尿道感染時，血尿的量看起來很多，會不會貧血？

出血性膀胱發炎的血尿量並不多，但是散開在尿液裡就會讓馬桶裡一盆尿看起來無比殷紅，其實大部分是尿液，實際出血的量並不多，因此一般不會造成貧血。

Q 是不是一定有尿道感染的症狀（頻尿、解尿疼痛），細菌才會順著輸尿管往上爬，演變成腎臟感染？

尿路感染有時症狀很輕微，甚至不一定有明顯的症狀，就往上跑到腎臟造成發炎，造成腰痛和發燒的症狀。

Q 看過醫生以後，雖然痛有好一點，但一直想尿還是沒改善，應該怎麼處理？

通常醫生開立的藥物，會包含止痛藥、抗生素、和放鬆尿道肌肉的藥，其中止痛和放鬆的藥物，只是治標，真正能夠根治泌尿道感染的，是抗生素。抗生素需要一段時間後，才能在尿道產生足夠的濃度殺菌，通常需要一天以上的時間，所以要堅持吃藥，吃完至少 3 天的療程，不可以有效就停藥，這只會讓細菌越來越頑強，很快就死灰復燃。另外，如果症狀有變化，包含發燒或是腰痛，就要即早返院評估。

Q 我怎麼知道抗生素有沒有效？

在就醫時，通常醫生都會進行尿液的細菌培養，這通常都需要至少 3 個工作天左右，才會有初步的報告，在 5 ～ 7 天左右，才會發確定的報告，就像種菜一樣，種子灑到水裡去，要過幾天才知道長什麼菜。

在第一次看診時，醫生通常會開立一般治療泌尿道感染有效的藥物，這些抗生素對大部分的人都有效，但是如果症狀持續，或是越來越嚴重，就要回到原醫院看細菌培養的結果，調整成更有效的藥物。

！一句重點

如果沒有心臟、腎臟問題，多喝水，不憋尿！

居家急救速查表

數字

7-11 呼吸法則（過度換氣）…168

英文

AED…41、43

AED 的使用方法…44

AED 的注意事項…44

CPR 的黃金時間…25

CPR 的法律責任…27

CPR 的口訣「叫、叫、壓」…28

CPR 的課程…28

CPR 流程圖解…29

CPR（非專業人士）流程…29

CPR 按壓的位置…30

CPR 做到什麼時候…31

CPR 施行時機…31

CPR 開始的時機…31

CPR 停止的時機…31

CPR 詳細作法…32

CPR 的壓放循環…33

CPR 的深度…34

CPR 的速度…35

CPR 壓胸的注意事項…35

CPR（溺水）的注意事項…46

CPR 配合人工呼吸…47

K 他命（膀胱炎）…273

二劃

人工呼吸…47

人工呼吸配合 CPR…47

人工皮…75、79

人工皮的注意事項…79、80

十二指腸潰瘍…247

三劃

小於 1 歲的寶寶異物阻塞…40

小孩 CPR 按壓的深度…40

小孩 CPR 按壓的速度…40

小孩的 CPR（1~8 歲）…39

小孩的 CPR（<1 歲）…40

小孩正確量體溫…200

小朋友發燒…196

小朋友發燒何時該去急診室…203

小朋友退燒不可以做的事…206

小便感染…272

小便感染的症狀…273

小便感染的成因…273

小便感染怎樣算嚴重…274

小便感染何時該去急診室…274

小便感染出現發燒…274

小便感染就醫的注意事項…274

小便感染什麼事必須做…275

小便感染的預防方法…276

小便感染什麼事不該做…276

小便感染的看診科別…276

小便感染出現大量血尿…276

小便細菌培養…277

大小孩的 CPR…39

大便的判斷…232

大便的形狀…233

大便的顏色…233

大便帶鮮血…233

大便深黑色（頭髮黑）…234

大腸出血什麼事必須做…239

大腸出血什麼事不該做…240

大便帶血看診科別…241

大血管血管瘤…244

口服退燒藥水…198

上呼吸道感染…120

上腹痛…248

下腹痛…248

四劃

中暑的條件…208

中暑昏倒…210

中暑的成因…210

中暑的症狀…210

中暑何時該去急診室…212

中暑的注意事項…213

中暑怎麼算嚴重…212

中暑發燒…212

中暑的處理方法…211

中暑就診的注意事項…213

中暑什麼事必須做…213

中暑什麼事不該做…214

中暑的預防方法…215

中暑的處理要點（圖解）…216

中風的由來…140

升糖素…183

升糖素的施打位置…183

心臟痛…218

心臟痛的成因…219

心臟痛怎麼處理…220

心臟痛何時該去急診室…221

心肌梗塞（缺血）的黃金時間…221

心臟痛喪失意識…222

心臟痛就醫的注意事項…222

心臟痛什麼事必須做…223

心臟痛什麼事不該做…223

心臟痛預防的方法…223

心臟痛的看診科別…224

心臟痛的處理要點（流程圖）…225

心悸…226

心悸的成因…226

心悸多久算嚴重…227

心悸怎樣算嚴重…227

心悸怎麼處理…227

心悸何時該到急診室…228

心悸就醫的注意事項…229

心悸什麼事必須做…229

心悸什麼事不該做…230

心悸的看診科別…230

心律不整…230

心電圖…230

內視鏡…238

內視鏡的注意事項…238

內視鏡的空腹時間…241

內視鏡取石術…267

化石茶…270

化石草…270

止瀉藥的使用…258

水母漂的缺點…49

切割傷的處理…56

切割傷需要縫合的情況…57

切割傷縫合的時機…60

切割傷照顧的注意事項…58

切割傷的處理…58

居家急救速查表

五劃

孕婦哈姆立克法⋯20

孕婦異物阻塞⋯20

孕婦 CPR（雙人）⋯37

孕婦 CPR（單人）⋯37

台灣急救教育推廣與諮詢中心⋯28

打 119 報案注意事項⋯42

打通血路的針⋯158

打石頭（超音波震波碎石）⋯267

打破傷風疫苗⋯58、70、71、72

生理食鹽水⋯211

正確的量血壓⋯194

左上腹痛⋯246

左下腹痛⋯247

右上腹痛⋯247

右下腹痛⋯247

出國旅行預防腸胃炎⋯261

出國前打破傷風疫苗⋯70

六劃

自動體外心臟除顫器⋯44

自製電解質水⋯259

耳溫槍⋯200

肌肉抽痛（中暑）⋯210

血壓高什麼時候該去急診室⋯192

血壓高就醫的注意事項⋯193

血壓高什麼事必須做⋯193

血壓高什麼事不該做⋯193

血壓高的預防方法⋯194

血壓高的看診科別⋯194

血尿（結石）⋯265

血尿量很多⋯271

血尿（尿道感染）⋯276

成藥（感冒）⋯127

舌下含片⋯224

仰漂⋯49

冰敷⋯76

七劃

肛門退燒塞劑⋯199

肛門塞劑的保存方式⋯207

肛門出血什麼事必須做⋯239

肛門出血什麼事不該做⋯240

肛門出血看診科別⋯190

低血糖⋯180

低血糖的成因⋯181

低血糖的定義⋯181

低血糖的症狀⋯181

低血糖（糖尿病人）怎麼處理⋯182

低血糖（糖尿病人）怎麼給糖⋯182

低血糖（糖尿病人）昏迷怎麼處理⋯182

低血糖（糖尿病人）就醫的注意事項⋯185

低血糖（糖尿病人）什麼事必須做⋯185

低血糖（糖尿病人）什麼事不該做⋯186

低血糖（糖尿病人）的預防方法⋯187

低血糖（糖尿病人）的處理要點（流程圖）⋯188

低血糖造成癲癇⋯184

低血糖何時該到急診室⋯184

低血糖的看診科別⋯187

肚子痛⋯243

肚子痛的嚴重情況⋯243

肚子痛（左上）⋯246

肚子痛（左下）⋯247

肚子痛（右上）⋯247

肚子痛（右下）⋯247

肚臍周圍痛⋯249

肚子痛什麼時候該去急診室⋯249

肚子痛就醫的注意事項⋯250

肚子痛什麼事必須做⋯251

肚子痛什麼事不該做⋯251

肚子痛的看診科別⋯252

肚子痛的處理要點（流程圖）⋯253

尿路結石⋯264

尿路結石的症狀⋯265

尿路結石的成因⋯265

尿路結石什麼時候該去急診室⋯266

尿路結石出現發燒⋯266

尿路結石就醫的注意事項⋯267

尿路結石什麼事必須做⋯268

尿路結石什麼事不該做⋯268

尿路結石的預防方法⋯268

尿路結石的飲食⋯269

尿路結石的看診科別⋯269

尿路結石喝啤酒⋯270

尿道炎⋯272

尿道炎的症狀⋯273

尿道炎的成因⋯273

尿尿細菌培養⋯277

局部麻醉⋯64

局部麻醉藥時效⋯64

八劃

兒童的 CPR⋯39

兒童正確量體溫⋯200

注意事項（小朋友就醫）⋯204

抽龍骨水⋯143

肺炎鏈球菌疫苗⋯131

典型的心臟痛⋯218

典型的胸痛⋯218

盲腸炎（俗稱）⋯244、246

泌尿道感染⋯272

泌尿道感染的症狀⋯273

泌尿道感染的成因⋯273

泌尿道感染怎樣算嚴重⋯274

泌尿道感染何時該去急診室⋯274

泌尿道感染出現發燒⋯274

泌尿道感染就醫的注意事項⋯274

泌尿道感染什麼事必須做⋯275

泌尿道感染的預防方法⋯276

泌尿道感染什麼事不該做⋯276

泌尿道感染的看診科別⋯276

拉 K（膀胱炎）⋯273

拆線⋯62

使用人工皮⋯75、79

使用人工皮的注意事項⋯79、80

武漢肺炎的成因⋯134

武漢肺炎怎麼處理⋯134

武漢肺炎怎麼算嚴重⋯135

武漢肺炎什麼時候去急診室⋯135

武漢肺炎在急診會如何治療⋯135

武漢肺炎就診時的注意事項⋯135

武漢肺炎什麼事情必須做⋯136

武漢肺炎什麼事不該做⋯137

武漢肺炎的預防方法⋯138

武漢肺炎該看哪一科⋯138

居家急救速查表

九劃

食物卡在喉嚨…17、24

哈姆立克法…16

哈姆立克法轉換到 CPR…19

哈姆立克法（孕婦）…20

哈姆立克法（過胖）…20

哈姆立克法（嬰幼兒）…23

退燒的方法…198

退燒（藥水）…198

退燒（肛門塞劑）…199

退燒（洗溫水澡）…201

退燒藥水的保存方式…207

洗溫水澡退燒…201

保存方式（退燒藥水）…207

保存方式（肛門塞劑）…207

降溫的方法…211

施打升糖素…183

突發性高血壓的成因…189

流行性感冒…121

流行性感冒的季節…121

流感疫苗…131

疫苗（感冒）的好處…126

疫苗（流行性感冒）…131

疫苗（肺炎鏈球菌）…131

疫苗（輪狀病毒）…255

耐絞寧…224

胃潰瘍出血的大便…243

胃潰瘍…247

胃鏡…238

胃鏡的注意事項…238

胃鏡的空腹時間…241

胃穿孔…237

胃出血怎麼算嚴重…237

胃出血怎麼處理…235

胃出血什麼時候該去急診室…237

胃出血就醫的注意事項…239

胃出血什麼事必須做…239

胃出血什麼事不該做…240

胃出血看診科別…241

胃痛…247

疤痕怎麼變小…57

美容膠帶的使用方法…64

美容線…64

十劃

根治過敏的方法…165

低血糖的看診科別…187

高血壓…189

高血壓的定義…190

高血壓怎麼算嚴重…192

高血壓的好習慣…191

高血壓怎麼算嚴重…192

高血壓就醫的注意事項…193

高血壓什麼事必須做…193

高血壓什麼事不該做…193

高血壓的預防方法…194

高血壓的看診科別…194

胸痛…218

胸痛的成因…219

胸痛怎麼處理…220

胸痛何時該去急診室…221

胸痛喪失意識…222

胸痛就醫的注意事項…222

胸痛什麼事必須做…223

胸痛什麼事不該做…223

胸痛預防的方法…223

胸痛的看診科別…224

胸痛的處理要點（流程圖）…225

胰臟炎…247

破傷風…67

破傷風細菌…68

破傷風疫苗…58、70、71、72

破傷風疫苗的效期…70

海洋創傷弧菌…84

十一劃

異物阻塞…17、24

異物阻塞的手勢…17

異物阻塞自救…18

異物阻塞處理要點（流程圖）…24

區分過敏和食物中毒…161

區分過敏和蜂窩性組織炎…163

救心…224

階梯式飲食法…260

麻醉藥（局部）時效…64

十二劃

復甦姿勢…19、46

黃金時間（CPR）…25

黃金時間（心肌梗塞）…221

黃金時間（腦中風）…154

遇到有人倒下打 119…42

量體溫（耳溫）…200

量體溫（肛溫）…200

量血壓…194

發燒的好處…202

發燒的過程…197

發燒何時該去急診室（小朋友）…203

發燒何時該就醫（小朋友）…203

發燒超過 3 天（小朋友）…203

發燒燒壞腦袋…207

發燒（中暑）…212

評估發燒的小朋友…202

評估生病的小朋友…202

過敏…160

過敏的成因…161

過敏的症狀…163

過敏的疹子…163

過敏疹好發的位置…163

過敏怎麼處理…162

過敏怎麼算嚴重…162

過敏何時該去急診室…162

過敏嚴重的情況…162

過敏藥的副作用…163

過敏就醫的注意事項…164

過敏什麼事必須做…164

過敏什麼事不該做…164

過敏的飲食原則…164

過敏的看診科別…165

過度換氣的情境…166

過度換氣的症狀…166

過度換氣的成因…167

過度換氣容易發生在什麼樣的人身上…167

過度換氣怎麼處理…167

過度換氣的處理方法…167

過度換氣（老人家）…169

過度換氣怎麼算嚴重…169

過度換氣何時該去急診室…169

速查表

居家急救速查表

過度換氣就醫的注意事項…170

過度換氣什麼事必須做…170

過度換氣什麼事不該做…170

過度換氣的預防方法…171

過度換氣的看診科別…171

黑大便（頭髮黑）看診科別…241

黃疸…246

結石（尿路）…264

結石（腎）…264

結石（輸尿管）…264

腎結石…264

腎結石的症狀…265

腎結石的成因…265

腎結石什麼時候該去急診室…266

腎結石出現發燒…266

腎結石就醫的注意事項…267

腎結石什麼事必須做…268

腎結石什麼事不該做…268

腎結石的預防方法…268

腎結石的飲食…269

腎結石的看診科別…269

腎結石喝啤酒…270

腎臟超音波…270

腎水腫…270

超音波（腎臟）…270

十三劃

嗆到…17

傻瓜電擊器…41

傻瓜電擊器的使用方法…44

傻瓜電擊器的使用圖解…44

傻瓜電擊器的注意事項…46

腦出血…141

腦出血的警訊…141

腦膜炎…142

腦膜炎的檢查…143

腦中風造成的頭暈…148

腦中風的黃金時間…154

腦中風的症狀…155

腦中風如何打 119…156

腦中風就醫的注意事項…157

腦中風發生的時間…156

腦中風什麼事該做…157

腦中風什麼事不該做…158

腦中風的預防方法…158

腦中風的看診科別…158

腦中風何時需要住院…159

腦中風的高血壓控制…159

腦中風後的病情變化…159

感冒…120

感冒發生的原因（圖解）…123

感冒喝溫水…125

感冒為什麼會大流行…125

感冒的成因…122

感冒怎樣算嚴重…128

感冒嚴重的情況…128

感冒怎麼處理…127

感冒什麼時候要去急診室…128

感冒就醫的注意事項…129

感冒什麼事必須做…130

感冒什麼事不該做…130

感冒的預防方法…131

感冒的看診科別…131

腸胃出血怎麼算嚴重…237

腸胃出血怎麼處理…235

腸胃出血什麼時候該去急診室…237

腸胃出血就醫的注意事項…239

腸胃出血什麼事必須做…239

腸胃出血什麼事不該做…240

腸胃出血看診科別…241

腸子打結…249

腸沾黏…249

腹痛…243

腹痛的嚴重情況…249

腹膜炎…244、248

腹主動脈瘤…244

腹痛（左上）…246

腹痛（左下）…247

腹痛（右上）…247

腹痛（右下）…247

腹痛什麼時候該去急診室…249

腹痛就醫的注意事項…250

腹痛什麼事必須做…251

腹痛什麼事不該做…251

腹痛的看診科別…252

腹痛的處理要點（流程圖）…253

腸胃炎…255

腸胃炎的成因…255

腸胃炎的症狀…255

腸胃型感冒…255

腸胃炎的處理方法…256

腸胃炎空腹…257

腸胃炎吃什麼…256

腸胃炎怎樣算嚴重…257

腸胃炎何時該去急診室…257

腸胃炎嚴重的情況…257

腸胃炎就醫的注意事項…258

腸胃炎喝運動飲料…259

腸胃炎的飲食方法…259

腸胃炎好不了…257

腸胃炎什麼事必須做…259

腸胃炎什麼事不該做…260

腸胃炎的預防方法…261

腸胃炎的看診科別…261

腸胃炎的處理要點（流程圖）…262

落屎…254

電解質水（oral rehydration solution）
　　　　　　　　　　　　　…259

電解質水（自製方法）…259

腰椎穿刺…143

腰痛…264

溺水的反應…48

溺水的急救…48

溺水的 CPR…52

溺水 CPR 的注意事項…54

溺水者使用哈姆立克的疑慮…54

搶救溺水者…50

傷口縫合的目的…57

傷口縫合的黃金時間…59

傷口需要縫合的情況…60

傷口照顧的注意事項…58

傷口照顧的方法…74、81

傷口照顧什麼事必須做…78

傷口照顧什麼是不該做…79

蜂窩性組織炎…82

蜂窩性組織炎的成因…83

蜂窩性組織炎怎樣算嚴重…84

蜂窩性組織炎怎麼處理…83

居家急救速查表

蜂窩性組織炎的注意事項…85、87

蜂窩性組織炎什麼事不該做…86

蜂窩性組織炎什麼事必須做…86

蜂窩性組織炎（香港腳）…88

蜂窩性組織炎與過敏的區別…87

蜂窩性組織炎看哪科…87

蜂窩性組織炎何時去急診…84

照顧傷口什麼事必須做…78

照顧傷口什麼事不該做…79

十四劃

嘔吐物（咖啡色）…235

嘔吐物（鮮血）…235

十五劃

熱痙攣…207

劇烈的頭痛…141

輪狀病毒…255

輪狀病毒口服疫苗（兒童）…255

震波碎石…267

蔓越莓汁（預防小便感染）…275

十六劃

學習 CPR…28

頭痛的成因…140

頭痛怎麼算嚴重…141

頭痛嚴重的情況…141

頭痛後發生中風症狀…141

頭痛何時該去急診室…141

頭痛就診的注意事項…144

頭痛什麼事必須做…145

頭痛什麼事不該做…145

頭痛的處理要點（流程圖）…146

頭痛的看診科別…145

頭暈的成因…147

頭暈嚴重的情況…148

頭暈怎麼算嚴重…148

頭暈（腦中風）…148

頭暈如何處理…148

頭暈何時該去急診室…149

頭暈就醫的注意事項…150

頭暈什麼事必須做…151

頭暈什麼事不該做…151

頭暈的預防方法…152

頭暈的看診科別…152

頭暈反覆發作…152

糖尿病的看診科別…187

諾羅病毒…255

輸尿管結石…264

輸尿管結石的症狀…265

輸尿管結石的成因…265

輸尿管結石什麼時候該去急診室…266

輸尿管結石出現發燒…266

輸尿管結石就醫的注意事項…267

輸尿管結石什麼事必須做…268

輸尿管結石什麼事不該做…268

輸尿管結石的預防方法…268

輸尿管結石的飲食…269

輸尿管結石的看診科別…269

輸尿管結石喝啤酒…270

十七劃

嬰幼兒哈姆立克法…21

嬰幼兒異物阻塞…21

嬰兒哈姆立克法詳細作法…22
嬰兒的 CPR…40
嬰兒 CPR 按壓的深度…40
嬰兒 CPR 按壓的速度…40
點滴的成分…138
闌尾炎…244、246
膽囊結石…246
膽囊發炎…246
縫合傷口的目的…57
縫合傷口的黃金時間…59
縫合傷口的時機…60

十九劃
爆炸性的頭痛…141
懷孕泌尿道感染…272
懷孕小便感染…272

二十劃
寶寶版哈姆立克法…22
嚴重的中暑…212
嚴重的頭痛…141
嚴重過敏的情況…162
嚴重的過度換氣…169
嚴重的癲癇…174
嚴重的高血壓…192
嚴重的感冒…134
嚴重的心悸…227
嚴重的胃出血…237
嚴重的腸胃出血…237
嚴重腹痛的警訊…243
嚴重的腹痛…243
嚴重的肚子痛…243

嚴重的腸胃炎…257
嚴重的小便感染…274
嚴重的泌尿道感染…274
嚴重的蜂窩性組織炎…82

二十一劃
攝護腺炎…274
攝護腺感染…274

二十三劃
體溫升高…210

二十四劃
鹽水（中暑時補充）…211
癲癇（中暑）…213
癲癇（總論）…172
癲癇的成因…172
癲癇嚴重的情況…174
癲癇怎麼算嚴重…174
癲癇怎麼處理…173
癲癇的處理方法…173
癲癇發作何時該送醫…175
癲癇就醫的注意事項…175
癲癇發作的觀察重點…176
癲癇發作什麼事必須做…176
癲癇發作什麼事不該做…176
癲癇的預防方法…177
癲癇的看診科別…177
癲癇發作的處理要點（圖解）…179

1分鐘救命關鍵！你一定要知道的居家急救手冊 全新增訂版

作者	洪子堯	製版印刷	凱林彩印股份有限公司
責任編輯	李素卿	初版 1 刷	2020年3月
版面編排	江麗姿	初版 4 刷	2024 年 7 月
封面設計	走路花工作室	ISBN	9789579199841 ／定價　新台幣 480 元
資深行銷	楊惠潔		
行銷主任	辛政遠	Printed in Taiwan	
通路經理	吳文龍	版權所有，翻印必究	
總編輯	姚蜀芸		
副社長	黃錫鉉	※廠商合作、作者投稿、讀者意見回饋，請至：	
總經理	吳濱伶	創意市集粉專 https://www.facebook.com/innofair	
發行人	何飛鵬	創意市集信箱 ifbook@hmg.com.tw	

出版　　　創意市集 Inno-Fair

城邦文化事業股份有限公司

發行　　　英屬蓋曼群島商家庭傳媒股份有限公司

城邦分公司

115台北市南港區昆陽街16號8樓

城邦讀書花園　http://www.cite.com.tw
客戶服務信箱　service@readingclub.com.tw
客戶服務專線　02-25007718、02-25007719
24小時傳真　　02-25001990、02-25001991
服務時間　　　週一至週五9:30-12:00，13:30-17:00
劃撥帳號　　　19863813　　戶名：書虫股份有限公司
實體展售書店　115台北市南港區昆陽街16號5樓
※如有缺頁、破損，或需大量購書，都請與客服聯繫

香港發行所　　城邦（香港）出版集團有限公司

香港九龍土瓜灣土瓜灣道86號

順聯工業大廈6樓A室

電話：(852) 25086231

傳真：(852) 25789337

E-mail：hkcite@biznetvigator.com

馬新發行所　　城邦（馬新）出版集團Cite (M) Sdn Bhd

41, Jalan Radin Anum, Bandar Baru Sri Petaling,

57000 Kuala Lumpur, Malaysia.

電話：(603)90563833

傳真：(603)90576622

Email：services@cite.my

國家圖書館出版品預行編目資料

1分鐘救命關鍵！你一定要知道的居家急救手冊
全新增訂版/ 洪子堯著；-- 初版 -- 臺北市；創意
市集・城邦文化出版／英屬蓋曼群島商家庭傳
媒股份有限公司城邦分公司發行，2024.07

面 ； 公分

ISBN 978-957-9199-84-1（平裝）

1.CST:家庭醫學 2.CST: 保健常識 3.CST: 急症

429　　　　　　　　　　　　　　108021966